書く瞑想　1日15分、紙に書き出すと頭と心が整理される

心境整理术

[日]古川武士————著

韩冰————译

中国科学技术出版社
·北京·

Kaku Meiso by Takeshi Furukawa, ISBN: 9784478113035
Copyright © 2022 Takeshi Furukawa
Simplified Chinese translation copyright ©2024 by China Science and Technology Press Co., Ltd.
All rights reserved.
Original Japanese language edition published by Diamond, Inc.
Simplified Chinese translation rights arranged with Diamond, Inc.
through Shanghai To-Asia Culture Communication Co., Ltd.
北京市版权局著作权合同登记　图字：01-2023-2563

图书在版编目（CIP）数据

心境整理术 /（日）古川武士著；韩冰译 . -- 北京：中国科学技术出版社，2024.10
ISBN 978-7-5236-0520-2

Ⅰ . ①心… Ⅱ . ①古… ②韩… Ⅲ . ①人生哲学—通俗读物 Ⅳ . ① B821-49

中国国家版本馆 CIP 数据核字 (2024) 第 042434 号

策划编辑	王碧玉　孙　楠	责任编辑	童媛媛
封面设计	仙境设计	版式设计	蚂蚁设计
责任校对	邓雪梅	责任印制	李晓霖

出　　版	中国科学技术出版社
发　　行	中国科学技术出版社有限公司
地　　址	北京市海淀区中关村南大街 16 号
邮　　编	100081
发行电话	010-62173865
传　　真	010-62173081
网　　址	http://www.cspbooks.com.cn

开　　本	880mm×1230mm　1/32
字　　数	118 千字
印　　张	6.75
版　　次	2024 年 10 月第 1 版
印　　次	2024 年 10 月第 1 次印刷
印　　刷	大厂回族自治县彩虹印刷有限公司
书　　号	ISBN 978-7-5236-0520-2 / B・166
定　　价	59.00 元

（凡购买本社图书，如有缺页、倒页、脱页者，本社销售中心负责调换）

首先,把它写下来。

想到什么就写什么。

不要去构思。把脑海中浮现的内容直接写下来就好。

你就会注意到以前从未留意过的事情。

倾听自己的心声。

和自己对话。

深入地了解自己。

当你把所思所想写下来时,就可以看清什么才是你最重视的。

杂乱无章的思绪逐渐被整理得井井有条。

书写是重拾自我的过程。

书写是深入了解自己的过程。

书写让你意识到,使人生发生转变的力量,就在你自己身上。

序　言
摆脱越忙越乱的日子

每天面对堆积如山的事务，思绪和内心总是杂乱无章。你难道不想让一切变得干净利落，过上更简单的生活吗？

"我总是感到担忧和焦虑，每天都心绪不宁。"

"我太忙了，根本抽不出时间做我自己想做的事。"

"我的生活节奏很糟糕。我想改掉晚上熬夜、早上迟到的坏习惯。"

"负面的想法在我头脑中挥之不去，让我疲惫不堪。"

"我想做的到底是什么呢？我甚至没有时间去考虑这个问题。"

我的内心、我的生活、我的人生简直是一团糟。我每天都忙得分身乏术，内心却感受不到充实——有这种感觉的人不在少数。

这本书将告诉你如何通过书写来整理思绪和内心，活出自我，简单生活。

学术研究表明，书写有很多好处。它可以帮助你缓解焦虑和压力，并将你的感受可视化，以获得客观的自我认知。谷歌公司为了帮助员工减压，纳入了写手账的方法，这是一种练习正念的方法，即把想到的东西直接写下来。

通过"打捞"未经特别思考过的、你自己都没有意识到的更深层的"感受"，你会对自己有更进一步的了解。萦绕在心头挥之不去的烦恼，可以通过关注"感受"而神奇地被解决。

本书旨在帮助你通过"书写冥想"，达到以下三个目的。

整理心境

书写可以减少和净化日常生活中的负面情绪，如担忧、焦虑、后悔、纠结、自我厌恶和愤怒等。

另外，花时间体会那些容易被忽视的感受，如感恩、关爱、牵绊、成就感、领悟、学习和成长，哪怕是最小的感受，也会给你带来心灵上的满足。

"书写冥想"的效果是立竿见影的。如果你从力所能及的小事入手，做出改进，内心就会越来越觉得满足。

调整生活

很多人喜欢晚上熬夜，早上又起不来，导致早上的时间很紧张，每天忙于应付工作和生活，抽不出时间学习。如果你每天的生活没有规律，改不掉坏习惯并陷入恶性循环，你的生活就会崩溃。

此外，随着事情越堆越多，你就会觉得"时间不够""心有余而力不足"，导致什么都做不成，然后不断重复这个循环。这会让你产生自我厌恶的情绪和缺乏成就感，内心变得慌乱，容易感到空虚。

如果回顾你在"书写冥想"中写下的内容，找到哪些是重要的事，哪些是不重要的事，据此进行调整，你的生活就会变得忙中有序。

改变人生

有时候，简单的生活不会让你的人生变得充实。你可能会感受到内心世界和外界现实之间的落差，产生人生危机感。

在这种情况下，我们需要追问自己"我的人生目标是什么？""我所追求的是什么？"，并寻找答案，而这些答案只存在于我们的内心。如果我们通过"书写冥想"进行自我对话，自然会找到答案。

帮助过 5 万人的习惯养成专家所掌握的"书写"习惯

作为一名习惯养成顾问，我以"与客户分享转变人生的喜悦"为己任，在这一领域进行方法开发、提供个人咨询和企业培训已超过 10 年。

到目前为止，我已经完成了 24 本书的创作，累积销售量达到了 100 万册，我的书还被翻译成中文、韩文、泰文和越南文，在当地的销售量也超过了 10 万册。

在我开设的企业培训等课程中，收获成长的人总共超过了 5 万人，我还帮助 1000 多名个人客户实现了习惯的养成。

对于"我能使人生发生转变吗？""我能活出自我，让生活变得丰富多彩吗？"这样的问题，我不断地探求如何从培养习惯的角度找到答案。后来，我发现了一个容易养成的习惯能解决这些问题，那就是"书写"。

人只能从真正的领悟中获得改变

人生的转变始于领悟。当你领会到"原来是这样！"，那么就可以抓住机会，做出真正的改变。当一个人的内心发生了有深度影响的领悟时，他的行为习惯、思维习惯和人际关系会发生惊人的变化。

那么，如何才能获得这种有深度影响的领悟呢？

答案就是，通过书写不断进行"自我对话"。

在感受自己内心的同时进行书写，就是一种冥想。书写冥想可以帮助你觉察到重要的感受、找到自我、丰富你的生活和人生。我将这句话作为本书的主题，把实现这一目标的一套书写技法体系称为"随感手账"。

能够改变人生的书写"随感手账"的三个步骤

那么，什么是"随感手账"呢？

这个方法主要涉及三个步骤，详见图 1。

第一步　书写冥想

"书写冥想"，是在书写时只关注你此时此刻的负面或正面情绪。

我们的心绪每天都会产生波动。日常琐碎的日志（书面记录）中，蕴含着我们的个性和朴素的为人处世的标准。

另外，书写还能帮助你了解自己的性格、调节压力和动力。

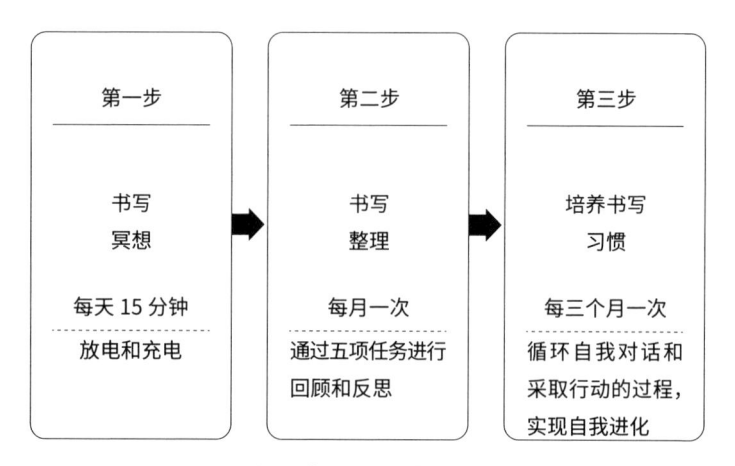

第一步	第二步	第三步
书写冥想	书写整理	培养书写习惯
每天 15 分钟	每月一次	每三个月一次
放电和充电	通过五项任务进行回顾和反思	循环自我对话和采取行动的过程，实现自我进化

图 1 书写"随感手账"的三个步骤

第二步 书写整理

只顾埋头记录心灵日志，没办法获得更深层的领悟。重要的是要客观地看待它们，并进行整理。所以在第二步的书写整理中，我们要每月抽出一次时间，仔细分析我们从"书写冥想"的日常日志中能看到哪些模式，以及更深层次的价值观是什么。这会让我们获得许多更深层的领悟。

第三步 培养书写习惯

当你从自我对话中获得更深层的领悟时，你就有机会开始改变你的内心、你的生活甚至你的人生。为了进一步增强这一作用，我们必须进行自我对话，然后采取行动，并重复这个过程，让它们相互影响，与此同时获得自身的发展。正是在行动过程中，直觉才得以发挥，也正是通过与人接触和对话，我们才能找到处世态度的方向。

让自我对话和采取行动的过程动态循环起来，这是一个持之以恒、不断探索的过程。这是因为，要更加活出自我，让生活更加丰富多彩是没有止境的。

书写技法背后的三个精髓

孕育"随感手账"的土壤中，包含了三个精髓。

第一个精髓是，它是我毕生实践的心血。

我亲自测试这些技法的时间已经超过了 15 年。我曾从事过教练（coaching）①的工作，也把书写运用到教练工作中。那时的我经历过许多挣扎，不知道自己想要做什么，找不到方向。

我不断地追问自己："我是谁？我到底想要做什么？我该从哪里开始呢？"一直帮助我在黑暗中寻找答案的，就是书写。

---

① 美国职业与个人教练协会（PPCA）把教练行为定义为一种动态关系，它意在从客户自身的角度和目的出发，由专人教授他们采取行动的步骤和实现目标的方法，做这种指导的人就是教练（coaching）。——译者注

书写让我的自我探索取得了进展，帮助我实现了目标，并朝着下一个层次的目标进化。回顾过去，我突然意识到，在过去10多年里，我的许多目标都已经实现，而每一个成就都是循序渐进地决策、实践和坚持的结果。将这些书写技法整合后得到的就是"随感手账"。

第二个精髓是，它包含了心理学知识和东方人祖先的智慧。该技法以认知心理学、神经科学和行为科学的实例等科学论据为基础。对于书写的意义和益处的解释，也建立在这个精髓之上。

该技法不是直接将教练、自然语言处理（natural language processing，NLP）和认知科学等手段进行大杂烩，而是在重视提炼每一种方法的深层效果的同时，构建的一种独特手段。

然而，我想强调的是，该技法的根源在于我们祖先的智慧，即包含了心理学和禅宗等思想的东方哲学。

第三个精髓是，它在习惯养成咨询工作中切实地发挥了作用。

它是一个浓缩的、系统化的方法，是我在过去10年的教练工作中，通过参与1000多人的实际生活中而开发出的技法。

我参与并见证了许多人的人生转变，比如：一位学校老师变成了爵士歌手，一位 77 岁的老人开始寻找人生目标，一位研究人员在经过深思熟虑后成了一名兽医，一位受训者完成了独立创业，一位职员对自己的公司重新燃起了高昂的热情，等等。

想让人生发生转变，你必然要经历有益的混乱（试验和排除错误以及纠结）。

在一年的时间里，不断地给受训者提供咨询服务，与他们一起寻找他们自己期望的方向，需要相应的知识和技巧。

于是我利用了一些书写的技法，那就是"随感手账"。

养成书写习惯，达成自我实现

以下是书写"随感手账"的客户反馈给我的体验心得。

"我写下担忧的事情后，努力却没有回报的情况减少了。"
"我每个月能养成一个习惯，我又能掌控自己的生活了。"
"我现在面对堆积如山的事务，能够冷静地将它们分类处理了。"
"我的生活节奏已经摆脱了恶性循环，我的健康状况也得到了改善。"

"我能够从小事中体会到感恩和幸福，而不是一直被消极的想法所困扰。"

"我逐渐找到了自己想要做的事情。"

书写随感手账，能够让"我应该怎么做"变成"我应该这样做"。现实生活会变得越来越有条理，心境也越来越通透。

我们与自己相处的过程，将伴随我们终生。

正如禅宗的"坐禅"一样，自我实现可以通过"书写"这一简单的习惯来获得。

从"我想调整忙乱的生活"到"我的生活有了良好的规律"。

从"我想改变糟糕的自己"到"我感受到了自己的成长"。

从"我不想总是对未来担忧"到"我找到了属于自己的人生之路"。

本书中的知识和诀窍，面向每一位想做出改变的人。

本书的最终目标是通过反复自我对话，活出自我，简单生活。

随感手账可以帮助你激发内在的力量，做出改变。

在书的末尾，我们还附上了"随感手账完整指南"，帮助你将其付诸实践。

我建议你先粗略浏览一下正文，当你进入实际书写阶段时，再参考书末的附录。

那么，让我们一起开启探索之旅吧！

目 录

第一章 书写和整理
"随感手账"的自我整理作用 · 001

我想从忙碌但没有意义的日子里脱身　003
"感受"有多个层次，它们复杂地交织在一起　006
书写让一切都变得井然有序　008
为什么书写能起到整理的作用？　013
书写经科学证实的三个作用　019
"手写"具有惊人的激发创造力的效果　021
随感手账技法的全貌　024
书写是一个逐步提升自我的过程　027

第二章 不要思考，让书写像呼吸一样自然
"书写冥想"的具体写法 · 031

为什么自我分析会出错？　033
整理心境，从书写冥想开始　035
在"放电和充电日志"中，从两方面详尽地倾诉　037
记录"放电"和"充电"事件的理由　040
进行"自我对话"，把想到的都写下来　043
一连串地写下去，让书写就像呼吸那样自然　046
负面情绪是问题发生的征兆　048

一天的生活，从早上 15 分钟的书写冥想开始　051

"书写冥想"的五大作用　054

实践者的声音①：平时无法言喻的郁闷大大减少了！　059

第三章 拿出、区分、改变
"书写整理"的三个步骤　· 063

通过"书写整理"探索自我　065

整理物品和整理心境之间的共同点　067

第一步：把所有东西都拿出来　069

第二步：根据感性标准，将重要和不重要的东西区分开　071

第三步：根据重要性做出取舍　081

专注于人生里重要的事情　085

第四章 书写和结晶
每月写一次回顾手账　· 089

进行书写整理时，我们要做些什么？　091

每月一次，通过五项任务进行回顾和反思（每月一记）　092

任务 1：从影响分析图中探索情绪模式　094

任务 2：利用价值观导图创建决策轴　097

任务 3：制作理想愿景图　101

任务 4：用行动计划改变现实　107

任务 5：利用习惯养成计划，让日常生活发生改变　113

整合和简化　118
人生的关键词就藏在你随心而写的内容中　120
实践者的声音②：发掘真正的自我　123

第五章　写下来，就会有所改变
"随感手账"书写实例 ・125

我想摆脱混乱的日子　127
书写冥想（每天一记）　129
书写整理（每月一记）　131
任务 1：从"影响分析图"中把握改善心灵和生活的方法　132
任务 2：用"价值观导图"明确你内心的地图　134
任务 3：制作投射了价值观的"理想愿景图"　138
任务 4：写一份执行重要事务的"行动清单"　141
任务 5：以时间轴的形式，写一个"习惯养成计划"　143

第六章　养成习惯后，就会获得进化
将想法、行动和感受整合起来 ・147

循环自我对话和采取行动的过程，使之成为一种习惯　149
利用书写习惯实现自我进化的五个阶段　152
实践"培养书写习惯"的每季一记　158
有目的地养成习惯的实践指南　162
书写使用的笔记本和笔　165

习惯养成专家掌握的关于坚持的三个秘诀　168
无须更多技法！你所需要的是花时间与自己的内心相处　174

结语　• 177

附录
随感手账完整指南　• 181

第一章

书写和整理

"随感手账"的自我整理作用

我想从忙碌但没有意义的日子里脱身

心绪不宁,生活过得一团糟,人生混乱不堪是怎样一种状态呢?

让我们先看看书写冥想能够改变什么。

江畑理惠当了15年的小学教师。

7年前,她的压力已经到达了极限。

她的生活只有两点一线,每天都只是在学校和家之间往返。小学教师的工作很辛苦。除了与孩子和家长打交道外,她还承担着行政工作和多个校务,每天下班回到家往往已经是晚上10点了。

巨大的压力导致她暴饮暴食,玩手机成瘾。她睡得越来越晚,睡眠严重不足。体重只增不减,外在形象大不如前。生病的次数也增加了。

此外,她那不受规则约束、"想独立自由地做事"的性格,让校长很看不惯,也让同事关系变得紧张,容易产生摩擦,人际关系并不十分融洽。有人在背后这样那样地议论她,她还被校长警告过,为此她感到很郁闷。

最让她难受的,是自己失去了激情,每天忙忙碌碌却感觉不到充实。

当老师的第 10 年,却仍然带着空虚感工作,她不禁怀疑:"人人都说小学教师这个工作很吃香,但我真的想当小学教师吗?"

"我到底想要做什么?"

"想这些不是毫无意义吗?"

"我不就是想逃避现实吗?"

由于每天都这样郁郁寡欢,她很想把自己的心态从目前的忙碌和压力中调整过来。

她的问题主要因三个症结而变得复杂:心灵的空虚、生活节奏的紊乱和人生看不到希望。

多米诺骨牌倒下般的连锁反应,让情绪问题变得更加严重,在这种情况下,因为导致问题的原因可能略有不同,所以像这样纷杂的烦恼有着千头万绪,没那么容易解决。

如图 1-1 所示,江畑的内心和情绪处于混乱状态。当它们如此纠缠在一起时,就很难保持心境的通透。

于是,她开始通过写随感手账进行书写冥想。

事实证明,这一方法有效。她现在在一所小学担任音乐教师,同时成了一名音乐人,开展表演活动,每天的日子都过得很充实。她一直在积极地进行个人演出,终于和唱片公

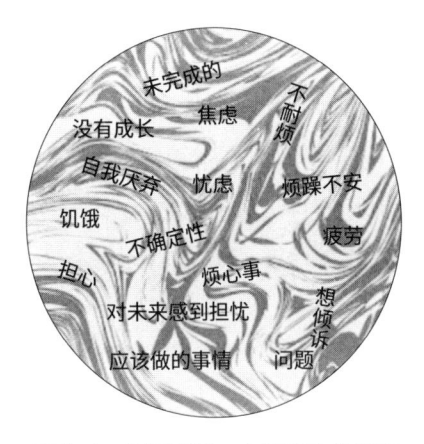

图 1-1 头昏脑涨、心烦意乱的状态

司签约，发行了个人的第一张唱片，并继续以个人身份接受新的挑战。

同时，她继续从事教师工作，以"让孩子们通过音乐展现自己的风采"为使命，重燃了对工作的激情。

这就是通过书写来审视自己，以及坚持自我对话的成效。

当然，这种戏剧性的变化不是一夜之间发生的。

在开始书写后的第 1 年，她调整好了心态，坚持书写 3 年后，她能够专注于自己理想的工作和活动，坚持书写的第 5 年，她戏剧性地实现了活跃在这个领域的愿望。

通过循环内省（introspection）和采取行动这一过程，你会意识到自己所追求的到底是什么。而当你树立好理想，并采取行动为之奋斗后，你的心态、生活甚至人生将逐渐发生改变。

每一步的改变看似微小,但在 1 年、3 年、5 年后,会产生复杂的变化。而这些都是建立在随感手账这个书写技法之上的。

"感受"有多个层次,它们复杂地交织在一起

有些人对于感受,可能只有一个模糊的概念。

因此,在本书中,我想明确一下感受的定义。由于心理学中没有一个完美的定义,所以请理解成本书将其定义做了如下的区分。

脑海中浮现的是"思绪",心中泛起的是"感受"。

而涌上心头的感受是多层次的,如图 1-2 所示。

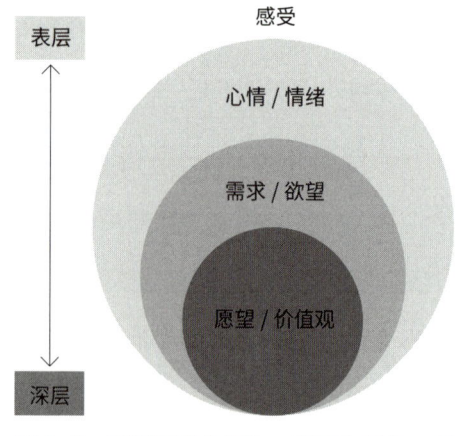

图 1-2 感受有多个层次,相互交织在一起

在这里，心情/情绪、需求/欲望、愿望/价值观等同时存在，孕育出各种感受的基调。

通过把各种杂乱无章、错综复杂的感受写下来，并加以区分，可以将它们理出头绪。

首先，是"心情/情绪"这一层次的感受。舒心、快乐、痛苦、恼火和忧虑在我们身上流转，来了又走，但它们是我们每天、每时每刻都在经历的感受。

其次，是"需求和欲望"。我们想要吃饭、睡觉，想要和某人在一起（不想感到孤独），想要被认可，等等。心理学家马斯洛称这些为匮乏性需求（deficiency needs），我们都有生理需求、安全需求、社交需求和尊严需求这些共同的需求。

当这些需求没有得到满足时，我们的"心情/情绪"就会受到影响。如果能发觉"心情/情绪"的根源上，有哪些需求和欲望枯竭了，它们就有机会得到满足。

最后，是"愿望"和"价值观"。它是你真正想要的东西，是你内心深处的渴望。它可以是一项使命、一个梦想或一个理想，符合价值观的愿望会孕育出深刻的感受。内心最深处的感受，正是一个人生活和工作的动力来源。

内心的感受并不是浅显直白的，它从表面的、短暂的到深层的、根本的，基调丰富多彩。由于不同层次的感受，往往是杂乱无章地交错在一起的，因此很难理出一个头绪。此外，除非最内在的愿望和价值观，与其表层的感受（心情或欲望）一致，否则不会外显出来。

这时，利用书写可以把它们一个个仔细地加以区分和处理。

书写让一切都变得井然有序

"坐禅"做起来非常简单，但如果你坚持下去，就可以实现精神统一[①]，并逐渐调整好心态。

同样，养成书写习惯很容易，但它却有着深远的、可发展的效果。

坚持养成书写的习惯，可以实现自我维护，乃至自我管理，满足你内心深处的原始欲望和价值观。

在我们讨论随感手账详细的书写技法之前，让我们看看书写会引起你怎样的心理变化。

---

① 精神统一是指一心一意，心无旁骛，不受周围事物的干扰，从而使心思集中在一件事上，以达到你的目标。——译者注

书写帮助你整理"心境"

平时我们的内心会被焦虑、担心、后悔、纠结、自我厌恶和愤怒等负面情绪干扰。

我们的心绪是起伏不定的。它会被日常琐事、人际往来以及他人的言论所影响。它就像一艘被滔滔不绝的波浪冲击的船,所以就算你拼命地掌舵也徒劳无功。

在繁忙的日子里,即使执行了待办事项管理,我们也往往会抽不出时间来管理(维护)我们的内心。

那么,一个有效的方法就是书写,以及通过它来进行客观地看待。

将扰乱心绪的事物用文字表达出来,可以将你的内心与自身分离开来。最后,你可以客观地看待它们,不再被外界所左右,实现自我维护。

书写可以让自己从日常内心的动荡中脱离出来,实现自我观察(self-observation),即自我内省(introspection)。

重点在于不要理性地思考,而是要关注你的"感受"。专注于感受并写下你的心境,更容易实现自我维护。

书写帮助你调整"生活"

你的房间乱得像猪窝一样，却不愿意整理和打扫，每天晚上熬夜玩手机，早上睡过头。顶着黑眼圈上班，工作也难有进展，只能靠喝能量饮料撑过每一天。你知道这样对身体不好，却日复一日地听之任之，生活过得一团糟……

这不是仅仅发生在你一个人身上的事，而是一个普遍的现象。

你想要改变，但可能不知道从哪里入手。

我们需要通过书写和客观看待的手段，来改善生活中的无序和恶性循环。

把你的现状转化成文字并逐一写下来，可以让你客观地看待自己的日常生活。

例如，你可以列一个清单，记录下自己生活中有哪些坏习惯。

①早上睡过头，导致一早上慌慌张张、手忙脚乱。

②白天因为睡眠不足而犯困，所以靠喝能量饮料和咖啡撑着。

③晚上还要惦记工作上的事，拖拖拉拉地查看电子邮件。

④打开油管（YouTube）开始看视频，躺在床上却很难入睡。

⑤暴饮暴食，结果胖了15千克。

⑥一直缺乏锻炼。

你不必急着马上改变这一切，但可以先把它们写下来，一边在纸上写一边思考：生活不规律到什么程度，多个原因之间有什么关系，你最想改变什么，从而冷静地以更广阔的角度审视自己。

"习惯养成的黄金法则是，一次只做一件事，从小处着手。"

要做到这一点，就要缩小处理问题的范围。如果一会儿想这样做一会儿想那样做，就不会有效果。如果你一次只处理一件事，问题会逐渐得到解决，但无论如何都想马上解决所有问题的心情也可以理解。

这就是为什么在激励管理（积极性管理）方面，每天通过书写，让自己在接受行动过程的同时向前推进是很重要的。

书写帮助你改变"人生"

我们都会在人生的某个阶段遭遇人生危机或暂停期（停滞期）。我从自己所任教练的案例中，总结出了五个人生暂停期。

① 25 岁到 35 岁，工作不到 10 年。
② 已经完成育儿的女性，为下一步的职业发展而烦恼。
③ 从一线工作岗位晋升到管理岗位。
④ 45 岁到 50 多岁，感觉在公司已经没有上升空间。
⑤ 退休后，找不到工作之外的人生价值。

在漫长的人生中，任何阶段都不迷茫的人几乎不存在。那么，我们应该怎么做呢？

请允许我在此引用著名的心理学家卡尔·罗杰斯（Carl Ransom Rogers）的一段话。

"我的人生目标是什么？我所追求的是什么？我的目的是什么？"这些是每个人都问过自己，或反复追问的问题，有时是静静地凝视着自己问询，有时是在痛苦的煎熬和绝望中追问。……这些也是每个人必须由自己、以自己的方式提出和回答的问题。

——《罗杰斯谈自我实现的途径》

这里最重要的是"自我对话"。

"自我对话"是对价值观、激情、愿望和使命的深入探索。明确作为你人生重心的价值观，追问什么是你最珍视的，将有助于你找到真正的目标和生活方式。

当内在真实的自我和现实相一致时，你就可以舍弃人生中不重要的事物，只为珍贵的东西而活。

然而，如果在脑海中翻来覆去地思考"什么是真正的自我"，那么你只会陷入无法走出的迷宫，吃尽苦头，感到厌烦。而通过书写，你可以与自己进行对话，逐渐领悟。

这里没有快速的解决方案。就像万物随着时间的推移慢慢生长一样，要了解自己并改变自己的生活方式，就需要静下心来，循序渐进，抱着欲速则不达的心态进行自我对话。为此，要让书写成为一种习惯，不断地积累自我对话。

把你内心的感觉和直觉转化为文字，并深入挖掘自己内心所反映出的内容。

当你不断重复这一过程后，就会越来越认清自己。

为什么书写能起到整理的作用？

只是把所思所感写在纸上的这样一个简单的行为，就可以帮助你从混乱复杂的思维中找到头绪，重新认识自己，弄清楚自己想要什么。效果令人惊讶。

为什么书写能够发挥这么大的作用呢？

为什么仅靠书写就能理顺你的内心、你的生活，甚至改变你的人生呢？让我们来看看书写的三个作用。

"领悟"——培养出转变人生的洞察力和启发力

我认为，人只有通过领悟才能改变。

随感手账是一个能真正获得领悟的工具。

领悟涉及两个方面：洞察和启发。

"洞察"在字典中的解释是："观察事物，看清（看透）它们的本质或深层的内涵。"

在面对生活方式或婚姻关系中产生的问题，探寻其深层原因时，有洞察力的领悟是很有帮助的。

例如，假设你意识到自己暴饮暴食、饮酒过度或长时间看手机，其实是由于工作压力大而造成的。那么，花时间培养能够释放压力的习惯，而非在行为习惯上下功夫，比如控制食量或玩手机的时间等，就能从根本上解决问题。

这种有洞察力的领悟，一方面能够让你发现自己在同样的地方兜圈子，另一方面能够让事态从简单的洞察朝一下子解决问题的方向发展。为了看透什么是与自身密切相关的事物，我们需要获得有洞察力的领悟。

"启发"在字典中的解释是:"做好一件事的创意或想法,如灵机一动。"

有启发的领悟是指,在面对任何问题或寻找原因时,一下子发散出解决的方案。牛顿在看到苹果落下时受到启发,发现了万有引力的故事,阿基米德在洗澡时发现了浮力定律,大声喊着"尤里卡($ερηκα$,意思是'找到了')"的轶事,都属于获得了有启发的领悟的例子。

在某种程度上,在经历过一段痛苦的摸索和试错的过程后,有启发的领悟才会破壳而出。

那么,我们可以通过书写随感手账,来获得有洞察力的和有启发的领悟。

"整理"——什么是重要的,什么是不重要的,都变得更加明确

整理物品的诀窍简而言之就是,保留重要的东西,丢弃不重要的东西。整理心境也要经历同样的过程。

换句话说,你要弄清楚自己的生活和生命中重要的是什么,然后舍弃其他对你不重要的事物。一个人的时间和精力是有限的。决定花时间做什么,放弃做什么,就是整理心境。

整理的基本原则是,将你所拥有的东西"全部拿出来",

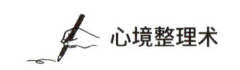

并将它们"区分"为重要的和不重要的。整理心境也是如此，即将心声"全部晒出来"，然后根据标准进行"区分"。

不过，这种事做起来却并不容易。这是因为，重要的和不重要的事物"区分的标准"，需要非常明确。

那么，"重要"的标准是什么呢？

那就是"感性标准"。

哪些是重要的，哪些是不重要的？每个人的追求不同，答案也各不相同。

当然，你心中理想的人生和生活方式，也取决于你所追求的理念。

这就是为什么我们应该通过书写来整理心境和探索自己的内心。

"认识自我"——了解自己内心深处的渴望

通过自我认知，可以了解自己内心深处的渴望。

我们要通过书写，在随感手账中注重"提高自我认知的能力"。

正如内观研究所的吉本伊信所长所说的那样。

无论我们过着怎样的生活，"认知自我"都是不可或缺的。而目前的情况是，我们正在忘记这件重要的事情，耳目都被外界的事物所干扰。

我们可以依靠书本和其他途径，来深化教育和储备理论，但没有哪个地方具体提到过"自我"这个独特的实体。我们必须自己去探求，从自己的内心深处寻找。想要好好地审视自己，不失真地准确了解自己，除了彻底地独自面对赤条条的自我，没有其他的办法。

——三木善彦《内观疗法入门》序言

如果你想从外界寻找自己人生的答案，只会变得迷茫。

人生的路标和幸福的标准，只能在自己的内心找到。如果无法认识自我，你就不会找到令自己满意的生活方式、人际关系和人生方向。

我认为，在书写时通过反复的自我对话可以获得的核心价值，是自我认知的能力。

自我认知的能力在心理学界中被称为情绪智力（emotional intelligence，EI），主张 EI 理论的学者丹尼尔·高曼（Daniel Goleman）将自我认知定义为"了解自己的内心状态、喜好、资质和直觉"。

谷歌公司为员工开设了一门名为"探索内在的自己"（search inside yourself，后简称 SIY）的课程，这是一个帮助员工实现自我开发的项目。其创始人陈一鸣（Chade-Meng

Tan）曾说过，SIY 定义的妙处在于，"自我认知并不局限于洞察自己所经历的点点滴滴，还延伸到更广泛的'自我'领域，如了解自己的长处和短处，激发出内心深处的智慧，等等"。

我很赞同这个观点。

如果把我们的心灵比作海洋，那么在海面上看到的景色和在水下 30 米看到的景色是不同的。我们的日常情绪显露在表面，而价值观和使命却埋藏在内心深处。

我经营教练项目已经有 10 年了，在为期一年的课程中，我要帮助学员们解决他们在人生中遇到的问题，而参加课程的学员，都是不知道自己想要做什么、对人生感到迷茫的人。

在训练过程中我发现，当人们内心深处的渴望与现实之间存在巨大差异时，往往会在人生的道路上迷失方向。

要想了解自己内心深处的渴求，只能从自己的内部去探索。它会随着你对自己了解的深入和自我认知能力的增强，更清晰地浮现出来。所以，第一步就是要面对自己，充分地认识自我。

随感手账正是一种掌握内心所有的感受、提高自我认知能力的方法。

书写经科学证实的三个作用

书写的好处也在心理学和社会学的学术论文中得到了证明。

这些作用已经在多个渠道有所宣传,本书就为您介绍三个有代表性的作用。

净化负面情绪

美国得克萨斯大学的詹姆斯·彭尼贝克(James W. Pennebaker)博士曾实施过一项名为"表达性书写"的实验,他要求实验对象在每天下班后或睡觉前,花20分钟写下自己内心的感受。

实验结果显示,书写让实验对象的内心变得更加强大了,其压力也得到了大幅缓解。在几周到几个月的时间内,实验对象的抑郁和焦虑的症状得到了改善,压力也表现出减轻的趋势。

此外,在一个月内,他们的血压下降了,免疫力也有所提高。

通过语言和行动,释放导致焦虑和紧张的欲望、情绪和冲动——这个行为用心理学术语来说,就是宣泄(净化)。

通过宣泄让症状消失则被称为宣泄效应。

事实证明，当有令人痛苦或担忧的事情烦扰着你的内心时，只要在纸上写下你的负面情绪，就会产生心理学上的效应。

通过客观看待获得领悟

美国弗吉尼亚大学的社会心理学家蒂莫西·威尔逊（Timothy D. Wilson）教授指出，书写这一行为，具有将心态的消极循环转变为积极循环的力量。

在一项实验中，实验者请若干对夫妇写下他们在生活上的烦恼，结果显示，那些写下了烦恼的夫妇与那些不写的夫妇相比，写下了烦恼的夫妇感受到"幸福"的程度有所增加。

仅仅通过记录下烦恼，就能增加人的幸福感。书写会产生一种让思维循环发生转变的效果。

用"文字"的形式，将平时肉眼看不到的感受可视化，就能够客观地了解你是如何思考这些事情的。

于是，你与自己的感受、想法之间产生了距离，一种新的看待和感知事物的方式诞生了。

然后，我们就能理解自己和他人，培养感恩之心，并从小事中体会到幸福。这就是通过书写实现正向循环的秘诀。

通过书写完成自我认知的"自分泌"

在教练学中，用自己的话来实现自我认知就叫作"自分泌（autocrine）"。自分泌原本是一个医学术语，意思是"自体分泌"，而通过书写，我们也可以从自己体内分泌出答案。

将你的想法和感受转化成文字，可以让你体会到前所未有的感受，或了解到更深层的原因。

你没有从任何人那里获得建议，只是一个人在纸上"自说自话"，但书写推动了一种别样智慧的形成。你在纸上会领悟到"哦，原来是这样！"，这就是自分泌效应。

"手写"具有惊人的激发创造力的效果

在书写随感手账时，最好使用手写。

在当今这个时代，如果没有一个令人信服的理由，人们不会放弃数字化记录方式，而坚持使用非电子化的手写方式的，所以让我们来看看为什么手写会带来极大的益处。

数字化更为方便，可以让我们轻松快速地记录，但在纸上书写有刺激大脑、获得创造力和洞察力的作用。

这里我将通过两个关键词——"基底神经节"和"内脏

感觉"来探讨手写的作用。

神经科学家马修·利伯曼（Matthew D. Lieberman）发现，大脑的"基底神经节（basal ganglia）"是潜在学习（latent learning，大脑深层的无意识学习）和直觉的神经基础。

心理学家丹尼尔·戈尔曼（Daniel Goleman）也指出："基底神经节观察我们所做的一切，并从中提炼出决策的规则……我们的人生智慧，不管是什么主题，都藏在基底神经节里。"

这意味着，直觉和潜在学习发生在"基底神经节"部分。

关于神经科学方向的讲解，请参考相关的专业书籍。可以说，激发我们的潜力、直觉和领悟力（洞察和启发）的一个关键就是刺激"基底神经节"。

那么，要从这个"基底神经节"中汲取智慧，应该怎么做呢？

从结论上来说，就是要"用手写"。

根据戈尔曼的理论，"基底神经节"没有与分管语言机能的大脑皮层联结，不能用语言传达。另外，由于它与情绪中枢（the emotional center）和内脏器官相连，因此它会以感受的形式与我们交谈，以一种直觉上的感觉，告诉我们"这是对的"和"这是错的"。

这意味着,反过来说,相较于只在脑子里思考,一边动手一边思考的方式能够刺激到"基底神经节",更容易迸发出灵感。

这就是为什么我说,手写时更容易产生新的领悟和联想。

数字化记录适合整理已经建立好的框架,而手写对自由创作和获得更深层次的领悟更有帮助。

此外,美国心理学家卡尔·罗杰斯强调了"内脏感觉"对于自我领悟的重要性。

日本心理学家诸富祥彦在《卡尔·罗杰斯:心理咨询的起源》一书中解释了这一点:"与单纯的逻辑思维相比,凭借内脏感觉能让人做出更精细、更精确的判断……说话时从自己的内脏感觉出发,并根据这种感觉生活,能使人活得更深刻、更有智慧。"

要感受深层的内脏感觉,你必须注意内心"融洽的"或"打动人的"感觉和感受,即其与情绪中枢相连。

换句话说,这就和"听从内心"一样,内脏中感觉蕴藏着许多智慧,是人生道路上的方向感和洞察力的来源。

然而,许多人自始至终都只从逻辑上理性地思考问题,因而变得困惑迷茫。为了摆脱过度偏重逻辑的思维模式,有必要养成以内脏感觉为线索,深入感受你的感觉和渴望的习惯。

手写是随感手账的基础，这是因为，磨炼这种内脏感觉是非常重要的。

手写能够更多地刺激基底神经节，释放潜在的和直觉上的脑力，使我们的感受和内脏感觉更敏锐，并获得新的领悟。

不过，这并不代表要对数字化持否定态度，认为其存在毫无意义。数字化记录对于整理思维来说是一个好方法，通过对手写的内容加以整理，可以获得进一步的领悟。

尽管如此，手写仍然是深入探索价值观和开创人生的最佳方式。随感手账注重的是开发一种适合自己的方法。这是因为，能够坚持下去才是最为重要的。这一点将在最后一章做详细论述。

随感手账技法的全貌

随感手账是一套书写技法体系，旨在调节心情、情绪，明确和满足需求、欲望，并根据愿望和价值观规划你自己的未来。

本书在序言中简单地提到了这一点，接下来我想对随感手账的整体情况做更详细的阐述。

写手账是一个非常简单的方法，我们将想到的任何事情写在纸上即可。谷歌公司也将其用作一种为员工减压的方法，并在商业领域引起了广泛的关注。

写手账的好处在于，通过手写达到冥想的效果。这是一种非常有效的解决心灵上的问题的方法。

但是，许多人写手账时，往往会有一定的局限性，那就是只顾埋头书写，却没有实现进一步的自我对话。

在本书中，书写随感手账分为三个步骤：重视书写的冥想效果、整理和洞察日常记录、获得更深层的领悟。

第一步　书写冥想

书写冥想这个方法，只需把你的心里话、感受和想法全部写下来。不用字斟句酌，想到哪里就写到哪里，可以帮助你注意到自己每天的行为和思维模式。

书写时专注于"内心"和"感受"，而不是脑海中的逻辑和考量，能够净化和整理你的心境。

具体方法我将在第二章中进行说明，总的来说，书写冥想就是通过书写释放能量，进行"放电"，以及补充能量，进行"充电"，从而解决每天内心产生的问题。

第二步　书写整理

"书写整理"是对每天在书写冥想中写下的内容进行整

理，以获得"领悟"的过程。

一个人发生本质上的变化，是源自领悟（洞察和启发）。

只是不停地写下去，并不能获得深刻的领悟。而书写整理可以弥补书写冥想的局限性，同时保持书写的魅力。书写整理能够让你以广阔的视野客观地看待自己的焦虑和担忧，打破负面循环，通过自我探索找到你想做的事情。

书写整理即每月花一次时间，将写好的内容从五个角度进行整理，它们分别是：影响分析、价值观、理想愿景、行动计划和习惯养成计划。具体内容我将在第三章和第四章结合实例进行介绍。

第三步 培养书写习惯

写随感手账的目的在于，从长期角度发展自我对话和采取行动的互惠循环。在这个循环中，我们不仅能从书写中获得领悟，而且能通过现实中的实践，再次获得新的领悟。为此，坚持"书写"是很重要的。

不过，抱着"只要保持自我对话就可以了"的态度，是没办法坚持书写的。

那么，人怎么才能消除自己的负面情绪，找到自己真正想做的事情呢？如何做才能发现这些问题，还能通过实践和采取行动，使自己成长和进化呢？

我在最后一章，展示了自己作为一个习惯养成专家，在从事多年的教练工作后实现的自我进化循环，并讲解了保持书写习惯，是如何使我的个人层次获得提高的。

保持长期的自我对话和采取行动的循环，可以帮助你了解自己，并达成真正的愿望。最后，你的人生会变得更加简单且充实。

书写是一个逐步提升自我的过程

每个人书写的目的都不一样，有的人想放松心情，有的人想调整不规律的生活习惯，有的人想找到真正的自我和自己想做的事。

这些可以称作个性化的需求，也可以称作自我完善的阶段。

因此，在本章的最后，我将阐述随感手账的作用，详见图1-3。希望你能根据自己的目的和状态，以不同的侧重点来阅读本书。

作用1　自我维护（self-maintenance）

当我们的生活、内心、工作和人际关系处于消极压抑的状态时，重要的是治愈自己，而不是试图强求积极的振奋。

```
┌─────────────┐    ┌─────────────┐    ┌──────────────┐
│   作用 1    │ ▶  │   作用 2    │ ▶  │   作用 3     │
│  自我维护   │    │  自我管理   │    │  自我发展    │
│self-maintenance│ │ self-control│   │self-development│
└──────▲──────┘    └──────▲──────┘    └──────▲───────┘
       │                  │                  │
       └──────────────────┼──────────────────┘
                    ┌─────┴─────┐
                    │  随感手账  │
                    └───────────┘
```

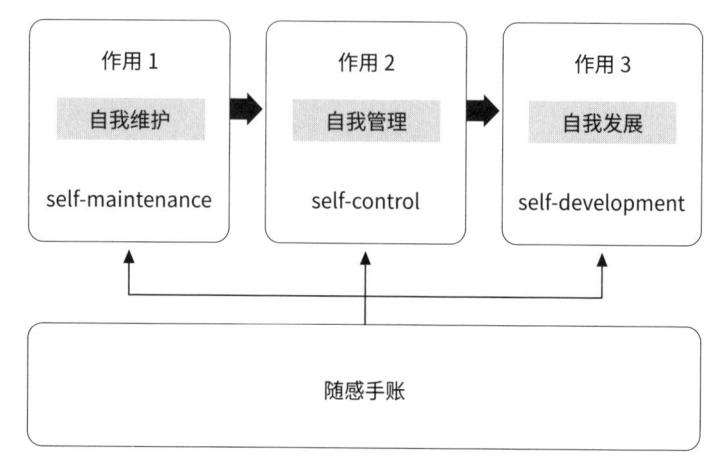

图 1-3　随感手账的三种作用

我们首先要做的，是维护和修复自己的身心。

作用 2　自我管理（self-control）

在某种程度上，一旦完成了维护，走出了消极状态，人们自然希望能够掌控自己的生活并改善自己的状况。这属于自我管理的阶段。这样一来，你就可以逐渐把握自己的生活和时间，培养你自己的节奏。

作用 3　自我发展（self-development）

最后，当你能够管理好自己的生活习惯后，就会想要让"自己和人生"都变得更好，希望能够找到自己真正想做的事情。

坚持书写随感手账，可以让你从维护阶段提高到管理、发展的阶段。

明确并正视你目前所处的状态，可以更有效地提升自己。

在漫长的人生中，我们都有可能进入这三种状态中的某一种状态。希望随感手账届时能成为你的终身伴侣。

第二章

不要思考，让书写像呼吸一样自然

"书写冥想"的具体写法

为什么自我分析会出错？

谈到认识自我，我们会想到类似求职时的"自我分析"这种对自己的过去进行总结的活动。

"自我分析"这个词给人的印象是，自始至终都是用左脑理性地思考。

这里并不是对理性的分析进行全盘否定，但如果假设我们的内在有三个自我，就会拓宽我们观察自己的视角。

第一个是理性的自我（大脑），第二个是感性的自我（心脏），第三个是身体上的自我（腹部）。

在与大脑、心脏和腹部的"沟通"中，自我分析容易变成和大脑的沟通。

感性的自我往往被模糊处理、被无视，结果就造成了我们无法认清自己。

写随感手账的目的是找回被无视的感性的自我、身体上的自我。随感手账的主题是"随感"。这是因为，我们正是通过感性来接纳身体上的自我，即腹部的声音反映出的直觉。

因此，我想把随感手账中的对话称为"自我感知"，而不是自我分析。

抛开理性，拾起感性。恢复感性的关键在于"停止思考，只去感受！"。

以自我感知为目的的书写冥想，其重点在于不用理性思考来审查那些发自内心、源自直觉的文字。

然而，如果不是特别去注意的话，这一点实际上是很难做到的。这是因为在平时的工作和日常生活中，我们已经养成了思考的习惯。正如逻辑思维的形成需要训练 MECE 分析[①]思维一样，自我感知也需要一定的训练。

在这本书中，我将探索自我感知，通过与感性和身体上的自我进行对话的方式开展训练。如果把它看作一种训练，你就会意识到，一蹴而就的想法是不现实的。

关键是要放下思考，拾起浮现于心的文字。

接下来，我就来介绍这个帮助我们捕捉情绪，将其转化为文字，进行自我感知的方法——书写冥想。

[①] MECE 分析法，全称 Mutually Exclusive Collectively Exhaustive，中文意思是"相互独立，完全穷尽"。也就是对于一个重大的议题，能够做到不重叠、不遗漏的分类，而且能够借此有效把握问题的核心，并找到解决问题的方法。——译者注

整理心境，从书写冥想开始

书写随感手账的第一步是书写冥想，详见图 2-1。书写冥想的目的是处理日常感受，不用大脑过滤所思所想，想到什么就写什么，把感受变成文字直接写在纸上。

冥想的原意是"静下心来，恬淡虚无，排除杂念，放松精神，沉思，静思"。

书写冥想是一个直面心灵，深入而安静地探索内心和感受，并通过文字与之进行一连串对话的过程。

闭目冥想也很有效，而我们一般把通过书写进行冥想的方法称作"写手账"。

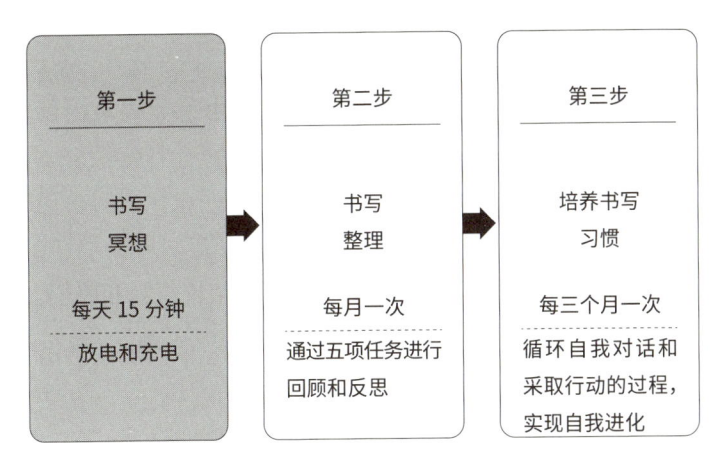

第一步	第二步	第三步
书写冥想	书写整理	培养书写习惯
每天 15 分钟	每月一次	每三个月一次
放电和充电	通过五项任务进行回顾和反思	循环自我对话和采取行动的过程，实现自我进化

图 2-1 书写随感手账的第一步：书写冥想

写手账因谷歌公司开设的"探索内在的自己（SIY）"的

课程而知名，这个课程是一个关于正念练习的独立培训计划。同名书籍《探索内在的自己》也对此做了介绍。

写手账具有静心凝神、专注于当下、减轻压力、提升专注力的作用。

另外，朱莉娅·卡梅伦（Julia Cameron）撰写的国际知名畅销书《有一直想做的事，就放手去做》中，介绍了一种名为"晨间笔记（morning pages）"的方法。

这个方法是，你一醒来就打开笔记本，顺应意识的走向，动笔直接写下你的所思所想，从而找到你想做的事。

这两种方法都是无须深思熟虑，只是动笔在笔记本上写下内容即可的方法。随感手账的第一个步骤书写冥想，在这一点上是与之相类似的。

随心所欲地一口气写下去，各种想法和感受就会浮现出来。你只管把涌上来的念头记录下来就好。

不去左思右想，只一心在笔记本上记录，你就会进入冥想状态，从表面的感受中引出缺失的需求、价值观和愿望。

不依靠思维，而是凭借内脏感觉，将心中涌出的话语一连串地、像玩联想游戏般地释放出来。

释放出消极和积极的情绪，都有助于将心灵和生活中的一团乱麻理清。

最重要的是,在此要听从你"内心的声音"。舒心的生活、良好的精神状态或卓越的人生模式都没有"标准答案",对每个人来说只有"最优解"。这只能由自己来体会。在书写冥想中,我们要从"放电"和"充电"两个角度进行书写。

在"放电和充电日志"中,从两方面详尽地倾诉

书写冥想包括书写"放电日志"和"充电日志"两个部分。

内容很简单:每天花 15 分钟,各写一篇"日志"和"自我对话",见图 2-2。

	每日一记	
书写冥想	放电日志 (日志,自我对话)	充电日志 (日志,自我对话)

图 2-2　书写冥想(每日一记)

坚持每天这样做,可以保养你的心灵,同时让你注意到自身细微的成长、心怀感恩之心和使精神富足。

让我们从放电和充电日志开始说起吧。书写放电和充电日志，就是毫无保留地记录下一天中的放电和充电事件。在此，我将以"逐条列举"的方式将其列出。

首先是放电日志。

"一天中的什么事情破坏了你的感觉、心情或精力？"

请详尽地写下在看到这个问题时所想到的一切。

例如，A 写了以下的内容。

放电日志

①我本来打算早上早起，结果都快七点半了我才起来。

②午饭一不小心就吃多了。

③脏衣服堆成了小山（没有叠好）。

④上周必须提交的一份工作报告，到今天也没有做完。

⑤我很生气，于是把孩子骂了一顿。

⑥看到房间乱七八糟而唉声叹气。

⑦和朋友约好了一起喝酒，却被爽约了。

人一天会产生许多这样的负面情绪吧？

其中，A 的情绪能量泄漏了出去，从这个意义上来说，这属于"放电"。如果无视"放电"的感受，对其置之不理，

"电量"越泄漏越多，你就会感到情绪低落、灰心沮丧。

不过，像这样将它们写下来，就能起到自我净化、缓解压力的作用。

记录放电日志可以净化和减少负面情绪，如日常焦虑、担心、后悔、纠结、自我厌恶和愤怒，等等。

为了改善心理状态和生活状态，逐步减少放电条目是非常重要的。

那么，清除掉放电条目，是否就代表心灵更富足了呢？事实并非如此。

只有逐步减少放电事件，负面情绪才会回归到零。

另一个要素是充电日志。

"一天中的什么事情改善了你的感觉、心情或精力？"

请写下看到这个问题后所想到的一切内容。

例如，A 写了以下的内容。

充电日志

① 在书房里悠闲地阅读了半小时的书。

② 在行驶的电车上听喜欢的乐队的歌。

③ 做俯卧撑和仰卧起坐。

④ 静下心来写日志。

⑤ 和家人一起共进晚餐。
⑥ 上司称赞我的文件写得清楚明白。

写充电日志，能让你觉察到容易忽略的小成就、感恩之心、学习成果、羁绊和温暖，获得心灵上的满足。

完成书写冥想后，让人情绪大跌的事件（放电）减少了，让人情绪高涨的事件（充电）增加了，在这个过程中，心灵得到了维护和治愈。

神奇的是，只要坚持记录放电和充电日志，就能逐渐减少放电条目，增加充电条目。

在繁忙的日常生活中，我们的精力都集中在"思考"上，忙于处理那些"需要做的事"。而舒压护理（stress care）也好，找到自己想做的事情也好，都是基于"感受"，重要的是花时间去感受、体会，并使之成为一种习惯。

让我们坚持每天把心中所感写成放电和充电日志吧。

我建议你每天分别花"3分钟"进行记录。

记录"放电"和"充电"事件的理由

记录"放电"和"充电"事件的理论基础在于蔡格尼克

记忆效应。

苏联心理学家布卢玛·沃夫娜·蔡格尼克（Bluma Wulfovna Zeigarnik）发现，相较于已经实现或完成的事项，人们对没有实现或中断的事项记忆更深刻。这个现象，就是蔡格尼克记忆效应（Zeigarnik effect）。

简单来说，就是我们更容易记住那些"无法实现或失败的事"，而对那些"成功的事、顺利的事"印象不深。

在看到图 2-3 中的两个圆圈时，你会更关注哪一个呢？

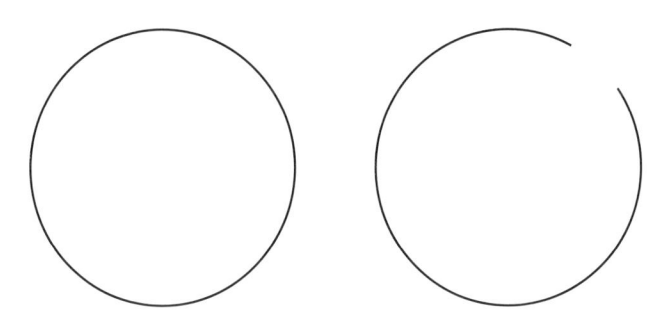

图 2-3　你更关注哪个圆圈

右边的圆圈画满了 95%，但缺了 5%。

我们会自然而然地把目光集中到缺失的部分。

每当我们产生了负面情绪，比如今天没能做成某事，失败地做了某事，后悔做了某事，我们的注意力就会被它们吸引。

当然，这是一种正常的现象。缺乏有益的自责和反省的人不会成长，只会变得自私和傲慢。

然而，如果只是一味地自我贬低，总是认为自己一无是处，什么都做不好，变得灰心沮丧，也是没有意义的。

所以随感手账既要记录负面的情绪（放电），也要记录正面的情绪（充电），以便让认知的偏差恢复平衡。然后有意识地记录下顺利的事、成功的事、值得感谢的事，可以让你专注于日常生活中的积极因素，让心灵更富足。

虽说是因人而异，但如果负面情绪已经得到了释放，你就会更容易坦然地专注于正面情绪。之所以不只记录正能量，也要记录负能量的原因将在后面讨论，这才是真心话和自我发现的宝藏所在。然而，如果你只看消极的一面，就不会有好的心情，书写最终会变成一件苦差事，让人没办法坚持下去。因此，你可以先放电再充电，用正能量收尾，从而以良好的心情开启新的一天。

每天记录放电和充电日志，对心灵的维护有显著的效果。

此外，每天做一些小的改进和创新，来减少放电条目和增加充电条目，你心灵上的满足感就会日渐提高。

进行"自我对话",把想到的都写下来

在记录完放电和充电日志后,我们将进行"自我对话"。这是把"冥想"时的想法直接写下来的一种方法。

书写放电和充电日志是有意识地记录,而自我对话则是无意识地、以联想和对话的方式书写。

另外,如果说日志是"宽泛地收集",那么自我对话则侧重于就单一事件或感受进行"深度对话"。通过这种方式,你会越过表层的情绪和感觉,领悟到更深层的感受。并非宽泛地、浅显地,而是深入挖掘一种感受或一个事件,可以实现与自己的对话。

单纯的解释可能很难让人理解,所以让我们来看一个例子。

放电形式的自我对话

放电日志记录的是焦虑、不耐烦、担忧、困惑、恐惧和纠结等情绪。而在自我对话中,我们要问自己:"现在最糟糕、最让人难受的事情是什么?"然后把所想到的用文字记录下来。

以这个问题引发的想法为起点,像喃喃自语那样,写一

段独白，或自我对话。

现在最糟糕、最让人难受的事情是什么？

总觉得每天忙忙碌碌，却没有一点成就感，只是忙得不可开交。我手上有很多项目，也很喜欢正在做的事情，但没有去一一体会和感受。除了没有成就感，焦虑的感觉也困扰着我。不如说，我一直在"害怕遗漏"了什么。到底是遗漏了什么呢？也许是忽视了任务管理，让我陷入了反复的思考，变得闷闷不乐。

在这个例子中，作者开始是缺乏成就感，但随后是对忙碌感到苦闷、焦虑，最后是"害怕遗漏"，担心会忘记一些关键的东西。

这些感受并不是仅仅通过静下心来，调动情绪就能涌现的。可以说，书写帮助他领悟到了自己最深层的感受。或许这正是折磨你的那个真正的因素。除非你意识到它究竟是什么，找到真正的问题所在，否则很难调整好心态。

通过日志认清心灵表层干扰你的因素后，现在是时候通过自我对话探索更深层的感受了。

充电形式的自我对话

接下来，让我们也看一看充电形式的自我对话。

达成满足感的因素对每个人来说也各不相同。

我们也要观察那些自己喜欢的，令人兴奋的、愉快的、振奋的和投入的事件及其带动的情绪。

现在最让人开心的事情是什么？

我深深地感受到了同伴之间的羁绊。我与项目成员怀有同样的激情，这真的让人感觉很充实。我很看重协同创造。如果我们有相同的使命，就可以一起慢慢成长，而不急于求成。与那些可以分享深刻思想和感受的人在一起，让我再次产生了一种满足感。在下一次会议上，我们可以通过进一步共享目标来加快前进的步伐！

在这个例子中，出现了与同伴的"羁绊"。

在忙碌和让人烦躁的日常工作中，拥有良好的人际关系、能与志同道合的人一起工作，往往被认为是理所当然的，很容易被忽视掉。自我对话可以让我们对此有更深的感触，心怀感恩。

松下电器的创始人松下幸之助曾说过："我们越是心存感激，就越会感到幸福，二者之间成正比。"关于幸福的研究表明，感恩之心是灌溉心灵的源泉。

充电形式的自我对话不仅限于培养感恩之心，如果我们能养成这种思维习惯，对目前所拥有的感到满意，比什么

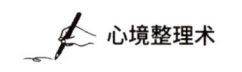

都强。

真心话不是一下子以完整的形式涌现出来的，而是从更深的地方逐渐浮现出来的，最初的文字起到了引子的作用。

之所以难以引出深层的价值观、真实的感受以及你所珍视的东西，是因为它们沉睡在潜意识下，几乎不浮现于表面。

如果我们刻意地按照设想活着，就很难触碰到真实的自我。而引出它的手段就是深度对话，即自我对话。

一连串地写下去，让书写就像呼吸那样自然

关于自我对话的写法，有一部分不容易掌握，所以我列出了书写时需要注意的四个要点。

第一点　把握自己当下的心境

每一天，你的烦恼或感受都在时时刻刻地变化着。首先，将你的思绪都集中在此刻的感受上，然后开始对话。

建议从安排一分钟的冥想开始。

第二点　为深层的感受设置一个主题

这一部分的关键在于，将对话集中在"此刻""最"占据心灵的感受上，而不是随便哪一种感受上。首先要引出"一种感受"作为主题，由此涌上心头的文字，会让你打开

话匣子，吐露心里话。

放电情绪的主题示例：

忧虑、焦躁、无聊、恐惧、痛苦、被嫌弃、迷茫、担心、恼火、嫉妒、怨恨、被拒绝、愤怒、孤独、自责、无助、空虚、压抑、不满、不信任、疲倦、懒惰、麻烦。

充电情绪的主题示例：

成就感、愉快、喜悦、爱、温暖、羁绊、感激、被认可、助人为乐、挑战、贡献、激动、治愈、自信、安心、自由、舒畅、清爽。

第三点　从一连串的感受中引出更多的感受

如果将用文字唤起文字的自我对话，用形象的语言来表达的话，那就是"连锁式"。它是指以你直觉上的感受和文字为起点进行书写。

让我们跟随内心的感受，一连串地写下心里话，而不要加以控制。刚才提到了连锁式、联想式的书写，那么让我们再看一个例子。

我今天特别烦躁。这是为什么呢？因为我的待办事项还没有做完，最关键的是我还没有提交某某报告，我怕 A 会不留情面地过来催我。是的，我害怕被催促。那么，也许我应该主动联系 A，告诉他什么时候能够提交。

像这样写下心里话，"模糊的感受"就会被一一分解，通过发现问题背后的根本原因，来找到对策。

在这个例子中，这种感受源自"害怕被 A 催促"，而非"焦虑"本身。一旦明确了感受的"震中"，处理起来就容易多了。如果不把这些写下来，止步于"糊里糊涂的焦躁不安"，你就会一直在同一个地方打转，只会让焦虑的情绪耗尽你的精神。

第四点　直接写下导致这种感受的原因

要反复进行自我对话，问自己"我现在的感觉如何？""背后的原因到底是什么？""我真正反感的是什么？"，并列出你的答案。

写的时候不要想太多。联想到哪里就写到哪里，是非常重要的，所以应该注意，不要用脑子去写，而是要用心去写。

以上就是书写自我对话时需要注意的四个要点。

负面情绪是问题发生的征兆

上面介绍了书写冥想中的放电和充电日志，但也有些人觉得，自己的身上没有放电事件，或者在面对负面情绪的时候很难受，所以只想写充电事件。

的确，对一些人来说，书写放电事件，会让他们感到情绪低落。

然而，正视自己内心的负面情绪是极其重要的。

让我引用内观疗法界的权威——吉本伊信的一段话。

通常情况下，即使是那些努力想要摆脱现状的人也会说，他们不想自揭疮疤，害怕面对自己。的确，审视自我是令人生畏的，而且需要耐心。但许多内观者已经亲身证明，只有经历过这个阶段，你的眼睛才会被打开，找到真正属于自己的活法。

针对你自身的问题和改善的方法，负面情绪往往会贡献许多提示。

如果你不能妥善处理消极情绪，无视它们的存在，就很难体会到积极的情绪。

而最关键的是，如果你假装拥有阳光的心态，不断逃避消极情绪，你将无法解决真正的问题。

人生的重要信息，往往隐藏在"负面情绪"中。

如果你养成了无视负面情绪的习惯，变得冷酷无情、无动于衷、麻木不仁，也许你会暂时摆脱压力，但同时你也将无法感受到激情和渴望。

接纳消极和积极两种情绪，品尝人生的千滋百味，能让你拥抱完整的感受和心灵。

不能图方便地只接纳好事，而忽略坏事。因为我们真正想找回的，是接纳所有情绪的感性，而不是假装出来的积极的状态。

为了深化这一点，倾听负面和正面的声音都很重要。

英国首相、诺贝尔文学奖获得者——温斯顿·丘吉尔，曾将自己的内心世界比作"白狗"和"黑狗"之间的争斗。

"白狗"让他相信，他拥有世人所渴求的才能。而"黑狗"是他内心深处的抑郁，威胁并控制着他，告诉他："你没有任何价值，你想象出的一切都只是幻觉。"他说，"白狗"和"黑狗"会同时出现在他的脑海中。

在我们心中，"白狗"和"黑狗"同时存在，这种有益的对话成就了我们。所以说，同时关注二者是非常重要的。

关于从反感的事物中，引出你真正渴望的东西，我想举一个朴素的例子。

我在上小学的时候，不喜欢全校集会，不喜欢穿校服，不喜欢成群结队去上学。

为什么呢？因为我向往自由。在这一切规矩中，我强烈地感到了不自由。我真的不喜欢被条条框框所限制，也不喜欢必须与他人合群。当你知道自己不喜欢什么时，你就会意识到自己喜欢什么。

凡事都有两面性,"我不想被束缚"是认识到"我想要自由"这个价值观的一个契机。

后来,我选择了一种独立的生活方式,这样我就可以自由地工作,并发掘出内心深处的价值观。

明确了"我不喜欢什么",就可以认清"我喜欢什么"。因为它们是一个硬币的两面,所以你可以通过书写放电事件,来探索潜藏在内心的价值观和欲望。

一天的生活,从早上 15 分钟的书写冥想开始

关于书写冥想,我在前面写了很多相关内容。

我已经对放电和充电日志以及自我对话,分别做了介绍,接下来我想总结一下书写冥想的写法和步骤。

我想在此推荐一种书写模式,并写明了要采取哪些步骤,每一步需要多长时间。你不一定要百分之百地遵循它,但我推荐的方法,会让你更容易制定适合自己的模式。

首先,我建议你在早晨进行书写冥想,把它当成一种仪式,整理好情绪,开启新的一天。你也可以在晚上写,但这一天没有结束,就没办法回顾当天的放电事件。

另外，在早晨书写还能让人调整好心态，以良好的情绪开启新的一天，而且早晨一般不会有突发事件需要你去处理，所以比晚上更容易把握时间。不过，这也取决于个人情况。请尝试着找到属于你自己的风格吧。

书写的步骤

接下来，我建议你准备一个倒计时器。

如果书写时拖拖拉拉，就会总也写不完；如果时间安排张弛无度，花太多时间放在书写上面，书写最终会变成一件苦差事，导致你会拿"我今天没有时间"做借口，而中断书写。

进行书写冥想时，集中精神，专注当下是非常重要的。

我建议的书写顺序是：从放电到充电，从日志到自我对话。

如前所述，把充电放到后面会让人情绪高涨，把放电和充电放在一起写，内心状态就不会变得混乱无序。

一开始，你可以尝试用这种方法书写一个星期左右，如果感觉不适合自己，你可以制订适合自己的方法。重要的是要日复一日地坚持写下去。具体分为以下五个步骤，时间上花费 15 分钟比较合适。

第一步　冥想（1分钟）

首先，让你的心平静下来。你需要沉浸在"当下"，以便你能专注于自己的感受。戴上计时器，闭上眼睛，深呼吸，静心凝神，直到1分钟的闹钟响起。这时候不需要深度的冥想。把这1分钟的冥想看作是书写前简单的状态调整就可以。

第二步　放电日志（3分钟）

放电日志，即记录下"一天中消耗你心灵能量的事件"。对于那些使你感到忧虑、纠结、焦躁、自我厌恶、愤怒、自卑等的事件，这样做可以将它们一吐为快。这个步骤需要花费3分钟。审视你的工作、家庭和日常生活，然后写下对你的情绪有负面影响的因素。一般来说，写下其中的五条比较合适。

第三步　放电形式的自我对话（4分钟）

放电形式的自我对话，即询问自己"现在最糟糕、最让人难受的事情是什么"，并把答案写下来。不用理性地思考，只管把心里一连串涌出的喃喃自语捡拾起来，写下来就好。不需要面面俱到。相反，关键在于以一句话为开端，逐步深入探索。

第四步　充电日志（3 分钟）

充电日志，即记录下"一天中补偿你心灵能量的事件"。它可以是一件顺利的事、一件值得感激的事、一件让人享受其中的事、一件令人开心的事、一件让你成长的事。

它不一定是一个重大事件。挑出并写下存在于你心中或日常生活中的一个个充电事件，哪怕只是微不足道的事情也没关系。在这一步中，同样是写下五条比较合适。

第五步　充电形式的自我对话（4 分钟）

充电形式的自我对话，即询问自己"现在最让人开心的事情是什么"，并把答案写下来。通过充电感受获得满足，并以此作为结束，可以以一个好心情收尾。详见图 2-4。

"书写冥想"的五大作用

我在第一章中提到了书写的意义和作用，在本章的最后，我想再明确一下"书写冥想"的作用。

作用一　当你能够自发地觉察，就能进行把控

自发地察觉是什么在干扰和动摇着内心，是进行把控的第一步。

对于察觉不到的事情，自然就无从改变。如果你能首先察觉到哪些因素使自己感到不安或振奋,你就有机会主动地减少或增加这些因素。

放电	充电
日志 昨天一直加班到晚上 9 点才结束工作。 我狼吞虎咽地吃完了炒饭和拉面。吃相真的太差了。 晚上刷视频,刷到很晚才睡觉。 昨天我只睡了 5 个小时,身体上和精神上都快要撑不住了。 尽管考试即将来临,可我几乎没怎么复习。	日志 提案书做好了。真是一身轻松啊! 早餐时间里,我与孩子们一起悠闲地边吃边聊。 一大早我就制订好了计划,并着手开始进行。真是高效啊! 终于有空读书了! 晚上我喝了啤酒!真好喝啊!我喝了 3 罐就不喝了,这是我给自己定的规矩。
自我对话 　　总觉得每天忙忙碌碌,却没有一点成就感。只是忙得不可开交。我手上有很多项目,也很喜欢正在做的事情,但没有去一一体会和感受。除了没有成就感,焦虑的感觉也困扰着我。不如说,我一直在"害怕遗漏"了什么。到底是遗漏了什么呢?	自我对话 　　我深深地感受到了同伴之间的羁绊。我与项目成员怀有同样的激情,这真的让人感觉很充实。我只想与那些可以分享深刻思想的人,再次一起共事。

图 2-4　放电和充电日志示例

书写冥想从放电和充电两个角度，探索了消极和积极的情绪。日志还记录了影响情绪的复杂的日常事件，内容广泛而详尽。有了这个日志，就可以找到采取具体行动的切入点，减少放电条目，增加充电条目。

重要的是，首先要将感受转换成文字，从而实现自发地察觉。你不必立即做出改变，只要能够自发地察觉，就是着手进行改进的开端。

作用二　当你能客观地看待问题时，就能找到一条出路

让我们来看一个寓言故事。这个故事叫作"误入破庙的牛虻和住持"。

我们在日常生活中遇到的问题，以及由这些问题引起的情绪，不断地重复轮回，都到了可笑的地步了。我们就像下面故事中的牛虻一样，无法突破反复撞墙的模式改变方向。

在日本江户时代，爱知县香积寺有一位叫作风外本高的住持，有一次他寄宿在大阪的一个破庙里时，一个叫川胜太兵卫的有钱人来找他探讨人生。

那时候是夏天，不知从哪里飞来了一只牛虻。

风外住持一直看着那只牛虻，不知道他有没有将太兵卫说的话听进去。

太兵卫忍不住问："风外住持一定很喜欢牛虻吧。"

风外住持则回答说:"这个寺庙是个破庙,牛虻可以从任何地方飞出去,但它以为只能从这一个地方飞出去,就老是撞击同一个地方,然后掉落下去。它这样做,只有死路一条。但人类也会做类似的事情,不是吗?"

太兵卫猛然意识到,住持借一只牛虻的比喻点醒了自己。从那以后,太兵卫就成了一名虔诚的参禅者。

——青山俊董《十牛图:真正的幸福之旅》

当你从外部以广阔的视野,客观地看待问题的时候,就会找到一条出路。

整合一个月的日志后,你可以客观地看清自己所碰的壁和行为模式,从而找到突破口,知道怎样做能够改善现状。

这就是通过书写冥想,记录下日志和自我对话所获得的效果。

作用三 排除杂念,开发大脑的潜能

当你的脑子里思绪和感受变得一团糟时,它们就会束缚住你的大脑,将你的能量消耗殆尽。就像后台打开的软件太多,会导致中央处理器(CPU)负荷过大,让电脑很慢很卡一样,如果你平时工作很忙,身兼数职,要处理大量的事务,情绪起伏不定,你就会想赶快把这一天应付过去,而没有时间去考虑其他事情。

在书写冥想日志中详尽地写下当前混乱的状态，可以帮助你把大脑用在更重要的事情上。因此，记录下平时的杂念和情绪，可以针对自我感受，开发大脑的潜能。

作用四　能够洞察深层的感受，而非停留在表面

书写冥想中的自我对话，是对感受的深度挖掘。冥想式的书写可以让你领悟到深层的感受。只有领悟到深层的感受，才有解决问题的可能。

反过来说，最困难的部分是，如果不能觉察到深层感受的真面目，就谈不上处理其他层面。

当然，如果你能一步到位地找到情绪恶化的根源和深层原因，那就更好了。不过，养成自我对话的习惯，能让你越来越善于洞悉情绪，觉察到更深层的消极和积极的感受。

作用五　坚持每天书写可以实现自我监测（self monitoring）

要说怎样能够减少放电条目，增加充电条目，我想主要是一个"习惯"的问题。

例如，停止暴饮暴食、戒除网瘾、早睡早起和坚持锻炼都是在培养习惯。

书写冥想的目的，不单单在于重塑心灵，还包括改善生活习惯和自我管理，以减少放电事件。

保持习惯的最有效方法就是"记录"。每天做记录，可以帮助你监测行动和事后的感受。用每天书写冥想中的日志进行监测，将有助于你坚持书写。它对行为习惯的养成也很有帮助。

实践者的声音①：平时无法言喻的郁闷大大减少了！

关千佳（20多岁，女性，公司职员，销售代表/代理店销售员）

在我开始写放电和充电日志之前，我的脑袋总是被忧虑和一些无法言喻的情绪所困扰，总是闷闷不乐。我很容易想得太多，所以总是在意他人的目光，经常对过去感到后悔，对将来感到忧心，不知道怎么和人相处。当我想做什么时，也总是犹豫不前，不能立即采取行动……

"我应该做"和"我想做"但却没能做到的事越来越多。这变成了沉重的包袱，结果，我每天不是懒洋洋地看自己并不特别想看的电视节目，就是无休止地刷着视频，要不然就在网上看漫画和我并不感兴趣的娱乐圈八卦。

自从我邂逅了书写冥想，"懒洋洋地消磨时间"的现象大大减少了，如果我有什么烦恼，我可以在 1～2 天内消化它（以前我会情绪低落 2 周～1 个月，一直走不出来）。

每天，我都会在放电日志中，将耗费自己精力的事情和令自己沮丧的事情一吐为快，总之就是把大脑中的声音写下来，详见图 2-5。

图 2-5　关于佳的放电和充电日志

以前我只是在脑中思来想去，焦虑不断地膨胀，现在我能够冷静地处理这些情绪了，觉得"管它呢，就这么点事，不用那么较真"。

在那之前，我经常在睡觉前心情低落，唉声叹气，觉得

"今天也没能做什么""我本可以做得更多！"，多亏了充电日志，让我能注意到生活中的小事，比如"今天用洗衣机洗了三轮衣服"，这样我就能表扬自己"我今天干得真不错"，然后踏实地睡去。

我脸上的笑容变多了，与我的丈夫和女儿在一起其乐融融的机会也增多了。我的丈夫也说，以前我说话的声音很刺耳，现在变得好多了。

写放电和充电日志，可以阻止平时抑郁情绪的蔓延，把它变成一个问题，给出建设性的意见，现在如果哪天我没写，我就会觉得好像少了些什么。

第三章

拿出、区分、改变

"书写整理"的三个步骤

通过"书写整理"探索自我

我们在书写冥想中,记录了日常的感受和引发这些感受的事件。

这样做虽然每天能让我们的心灵得到净化,但是效果也仅限于此,仍不足以洞察到更深层的内在。

所以,我在随感手账中,加入了"书写整理"来解决这个问题,详见图 3-1。

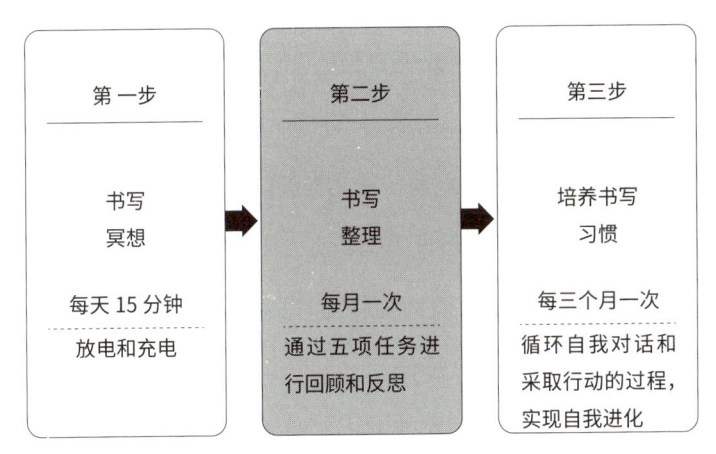

第一步	第二步	第三步
书写冥想	书写整理	培养书写习惯
每天 15 分钟	每月一次	每三个月一次
放电和充电	通过五项任务进行回顾和反思	循环自我对话和采取行动的过程,实现自我进化

图 3-1 书写随感手账的第二步:书写整理

那些总是烦恼存不下钱的人一旦开始记账,就能马上看到节约开支的效果。这是因为,只需记录下不知不觉中浪费的开支,就会唤醒停止浪费的意识。不过,有的人在记账两三个月后，会觉得仅靠记账，效果很有限。

所以，我们需要回顾记录，对该月的账目进行统计，从而以广阔的视角客观地看待问题。

例如，买衣服的支出是每月50000日元[①]，所以买衣服的频率应该控制在3个月以上；在自动售货机购买饮料的总支出是7000日元，那么可以通过自带水壶来减少开支；午餐的支出是每月30000日元，那么可以从家带饭；水电费高达30000日元，所以不用灯的时候就应该记得关掉它。

这些都可以通过总览记录来发现。

这条规则也适用于改善自己的内心和生活。

不是只顾着记录，而是每月进行一次总结，整理你写下的内容，从中获取领悟和洞察，就能推进自我完善和自我发现。

书写整理是根据每日书写冥想的内容来客观看待自己，找到并改善生活和内心恶性循环的根源，探索内心深处的价值观和真正理想的一个过程。

我们可以通过书写冥想和书写整理，加深自我洞察，在"我想要的是什么""对我来说什么才是幸福""我的人生应该怎样度过"等核心问题上，找到属于自己的答案。这将帮

---

① 1日元约等于0.049元人民币。——译者注

助你明确自己的生活方式和人生方向。

书写冥想是每天都要做的，而书写整理则是每月一次集中进行的内心梳理和内省。由于这部分内容比较重要，所以接下来我想分篇章进行介绍。

我们在本章讨论整理物品和整理心境之间本质上的共同点，然后将在第四章介绍书写整理具体的任务。

整理物品和整理心境之间的共同点

书写冥想中呈现的内容是详细的日志，其中完整地记录了你的内心世界以及生活的真实情况。首先，心情日志是书写冥想的产物，是自我洞察的基础。

对于自我探索这件事来说，它是一个获得领悟的宝库。因此，只顾着记录是一种浪费。

书写整理是指有技巧地解读书写冥想中产生的文字，思考人生和生活中哪些事物是重要的，哪些是不重要的，并对其进行整理的过程。

整理就是一次次做出判断，然后丢弃不重要的东西，保留重要的东西，从这个意义上来说，整理物品和整理心境具有共同之处。

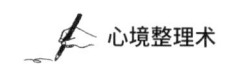

在收拾物品方面，有许多整理和收纳的技巧，如山下英子提出的"断舍离"和近藤麻理惠自研的"怦然心动整理法"。

这些方法同样适用于整理心境，是非常关键的要点。

整理物品和整理心境的过程，有一些相似之处，我总结了以下三个共同点，详见图 3-2。

第一步　把所有东西都拿出来（拿出）。

第二步　根据感性标准，将重要和不重要的东西区分开（区分）。

第三步　根据重要性做出取舍（改变）。

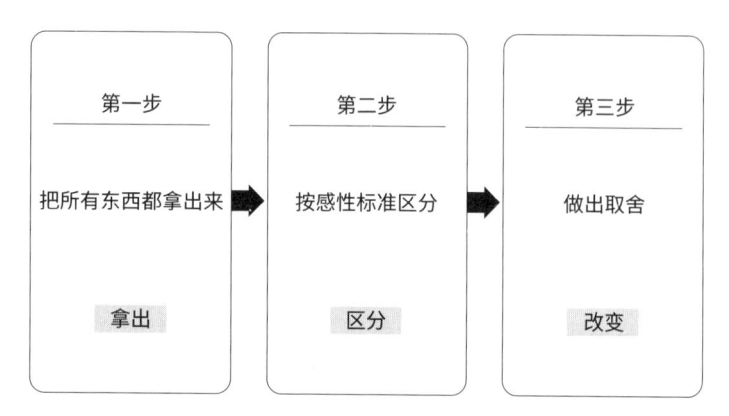

图 3-2　整理的三个步骤

在本章中，我们将透过这三个步骤，来看一看整理物品和整理心境的共同之处。

第一步：把所有东西都拿出来

整理物品时，如果东西乱得不成样子，不知道从何下手，原则是方法越简单越好。那么我们应该先考虑，把所有东西都拿出来。

大多数的整理方法也都有一个共同的步骤，那就是"先把所有东西拿出来"。

当你把物品全部拿出来时，可以直观地看到你有多少东西，以及有多少是多余的。

即使你的大脑对它们了如指掌，但只要有的物品被放在一个抽屉里或什么地方，你就不能真正掌握自己有多少东西。

乱得不成样子的时候，你应该先把所有东西都拿出来，然后再考虑怎么收拾。

整理心境也是同样的道理。

如果情况不复杂，就没有问题，但正如我们所看到的，你需要做的事情堆积如山，每天都要面对诸多问题，内心的感受就像图 3-3 所示那样杂乱无章。

而我们内心深处的情况则更加错综复杂。这些都不是一下子就能整体把握并整理出来的。

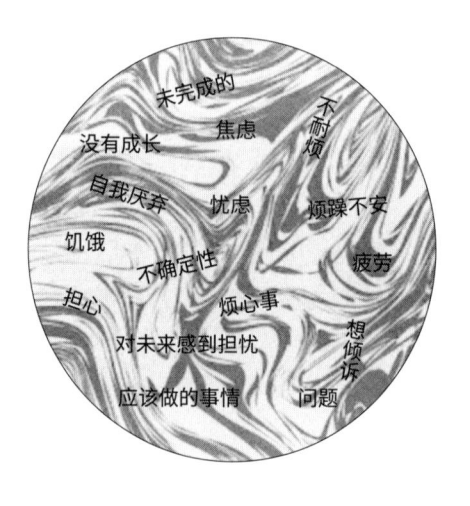

图 3-3 将感受全部写下来,实现"可视化"

因此，首先要把你脑子里所有杂乱无章的想法、混乱纠结的内心感受全都呈现出来。在纸上思考和感知有助于把握实际的情况。这就是"元认知①能力"发挥作用的地方。

总之，只需要专注于在纸上写下你的想法和感受，你想做什么，你不想做什么，你必须做什么，等等，而不需要左思右想再下笔。

这与第二章中"书写冥想"的日志和自我对话相呼应。

当你把一切都写出来，实现了"可视化"后，就可以进入下一个步骤。

第二步：根据感性标准，将重要和不重要的东西区分开

整理物品的时候，在你把所有东西都拿出来之后，可以把它们分成重要的和不重要的两类。

此时，分类的关键因素是"感性标准"，详见图3-4。

《怦然心动的人生整理魔法》一书的作者近藤麻理惠，

---

① 元认知（Metacognition）或译为"后设认知"，即"认知的认知"或"知识的知识"。简言之，就是对自己的认知过程（记忆、感知、计算、联想等各项）的思考。——译者注

也在书中介绍了根据"是否令人心动"来决定扔掉或保留物品的方法,这个方法使她在全世界名声大噪。

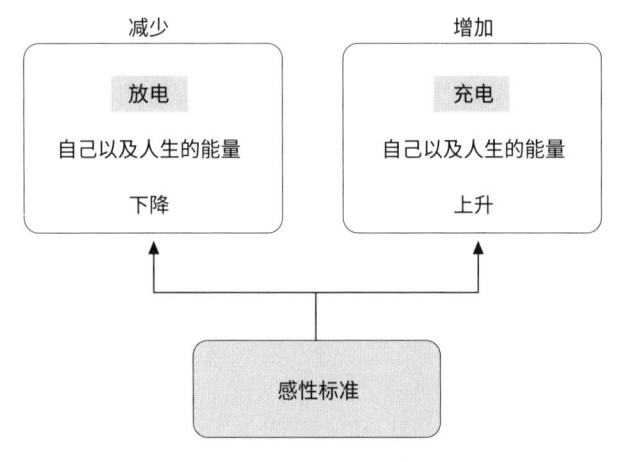

```
        减少                    增加
    ┌─────────┐           ┌─────────┐
    │  放电   │           │  充电   │
    │自己以及人生的能量│   │自己以及人生的能量│
    │  下降   │           │  上升   │
    └────▲────┘           └────▲────┘
         │                     │
         └──────────┬──────────┘
                ┌───┴───┐
                │感性标准│
                └───────┘
```

图 3-4 用感性标准来判断取舍

在她的书中,她介绍了这样一个观点:如果你能根据"是否令人心动"这一感性标准来决定物品的取舍,那么这个感性标准会变得越来越清晰,最终会升华为帮助你在工作、人际关系乃至人生中,对应该珍视什么、放弃什么做出判断的标准。

《断舍离》一书的作者山下英子也曾谈道:"你可以判断一件事物对你来说是否'必要、合适、舒服'。然后将那些'不必要的、不合适的或不舒服'的扔掉。"

我相信,断舍离也好,整理魔法也好,它们的作用绝不仅限于物品的整理,也会对你的人生产生影响,这是因为根据"感性标准"做出判断和选择取舍的能力，其适用性会超越事物，扩大至工作、人际关系、生活、情感和整个人生。

在整理人生中的疑虑和纷扰时，根据感性标准进行判断，将更容易决定取舍。

这样的话，如果根据"感性标准"就能够决定取舍，而不需要历经整理物品的过程，那么我们也可以像这样整理我们的心境。

不过，当我提出这个观点的时候，有人会反驳道：你觉得一切都可以完全根据感性标准自由选择，但现实中哪有你说的那么容易呢！

的确，关于你在日常工作中要做什么事，你要和谁交往，你要承担什么责任，等等，不可能在写完放电日志之后，就完全不管不顾了。

我们还要对公司和家庭负责，面对社会事务时，用自己的判断标准随便做出决定是不可行的。

我对此当然也十分清楚，但我仍然想说，用感性标准进行划分，将此作为决策标准，会让人生变得更美好。

为了增强这个判断标准的说服力，接下来，我将解释大方向的判断标准——"真、善、美"的概念。这是著名的心理学家肯恩·威尔伯（Ken Wilber）阐述的三大判断标准。

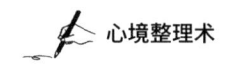

"真"指的是真相或真理，代表了一种理性的判断标准。我们在对很多事情做出决断时，需要以事实为基础，比如医疗诊断书和管理改进方面的数字。

接下来，"善"是一个集体的判断标准，取决于"我们最重视的是什么"。在公司、家庭、社区或国家中，我们可能会根据"集体"而不是"个人"所认同的价值观做出决定。

我们公司也有"用习惯改变社会"的价值观，认同这一点的成员聚集在一起，根据共同的决策标准做出决定。判断社会行为，需要考虑"TPO"，即 Time（时间）、Place（地点）、Occasion（场合）。

最后一个，"美"是一个主观的、个人化的判断标准，取决于"我觉得哪个好"。例如，你觉得一部电影是有趣还是无聊，或者一件艺术作品是美丽还是不美丽，都是基于个人的感性标准。没有绝对的好或坏、对或错。

全面地看待判断标准的话，"真"和"善"都很重要。

然而，人们在工作或集体中，经常把自己放在次要的位置。这样一来，人们就会渐渐搞不清楚"我想要的是什么""什么是我的价值和幸福"。

我在教练工作中，见过很多因为忽视了"美"的判断标准，而陷入了这种情况的人。

更糟糕的是，他们试图将科学统计学上的幸福，也就是"真"，引入他们的生活并据此做出判断。当你试图用"真"来扭曲自己应该用心去感受、随心而定的事情时，只会越来越困惑。

有很多事情可以更多地根据"美"这个主观的感性标准来做出选择。

你可以根据自己的感性标准，更明确地决定自己想做什么样的工作，想和谁结婚，想和什么样的人相处，想把时间花在什么地方。

其结果就是，即使你现在不能随意改变一切，也对"重要和不重要"有了一个清晰的概念。只有那些能辨别清楚取舍的事物，才会成为被整理的对象。

重视"感性标准"，你就能够把握人生中什么是重要的，对你来说什么是珍贵的。

当我们的大脑、内心和身体都表示"很舒服"，没有感到任何不适的时候，那就是最令我们满意的事物。要把脑子里的盘算放在最后，优先问自己，你的心灵和身体所渴望的是什么。

为了明确你的感性标准，问自己一些问题是很有用的。

简单地询问自己"这是放电（让人情绪大跌），还是充电（让人情绪高涨）?"，并试着辨别出产生了什么样的感受。

下面，我就来介绍七个进一步深入挖掘内心的问题。

"放电"和"充电"是能够让你通过感性标准，与心灵对话的重要的提问关键词。

不过，我准备了七个更详细的问题，帮助你体会和品味内心的感受（心情、需求和愿望），详见图3-5。

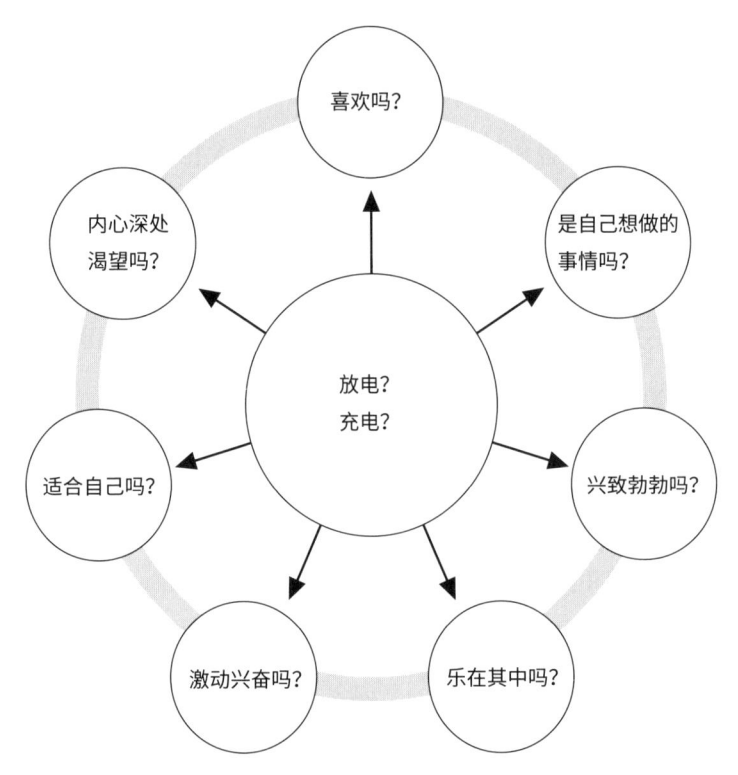

图3-5 根据感性标准做出判断的"七个问题"

这些是我在教练工作中，为了明确客户的感性标准而提出的问题。

它们是一组类似的问题，但存在细微的差别。

请结合自己的实际情况提问，然后体会感受的变化。

问题一 "我是喜欢还是不喜欢？"

这是一个简单的问题，但随着我们的成长和对真善的追求，我们不再单纯地将感受简单地划分为"喜欢"或"不喜欢"。如果你在生活中遇到了很多自己不喜欢的事情，并且一直无法摆脱，你可以先在放电日志中写下自己是多么不喜欢做这些事情。

当然，不是说不喜欢这件事就不用做，不喜欢这个人就不用应酬，即便如此，你仍然可以察觉到自己心灵上的负担。意识到了才有改变的可能。

问题二 "这是我想做的事，还是我应该做的事？"

如果你想得太复杂，你可能无法分辨什么是你想做的事，什么是你应该做的事。即使设定了目标，你也可能把手段当成目标，或者行动和目标之间的关系名存实亡，让自己失去了动力。

这就像学习英语，你不知道是因为自己喜欢，还是因为觉得对将来有用，才把它作为一项应尽的义务才去学的。

有时候你做某件事，一开始的确是发自内心地愿意去做的，但后来这件事变成了一种义务，就会越做越辛苦。

如果你能分辨出其中的差别，自我对话就会进入到下一个"领悟"的阶段，比如："我虽然想学好英语，但可能没有那么大的动力，去提高托业考试的分数。还是换一条路走吧！"

问题三 "我是兴致勃勃，还是兴味索然？"

令你兴致勃勃的事情，可以让你愿意付诸行动，而且容易坚持下去。但是，对于那些令你提不起兴致的事情，如果你强迫自己提高对它的热情，那么做起来就会越来越心累。

在接到一个工作任务时，我会在心里问自己："我对这项任务感兴趣吗，还是兴趣不大？"特别是当我着手开发一个大型项目时，为了不让项目轻易地中止，相应地我要确保有一个强大的内在动力来源。

这个问题与问题一"我喜欢还是不喜欢？"有些类似，但当你把问题抛给自己时，会发现二者体会起来是不同的感觉。这个问题的目的在于，告诉自己不要用头脑去判断，而要用心灵感受你的动机或需求。

在培养习惯时，通过使用这种方法，询问自己"我对它感兴趣吗"，也可以让你找到动机。

问题四 "我是乐在其中，还是如坐针毡？"

这听起来可能很直白，但事实就是，做一件事时，乐趣能让人坚持下去，痛苦则让人无法坚持下去。习惯养成的技巧在很大程度上与感性层面有关。

然而，这种乐在其中只是表面上的情绪和感受，所以它像海面一样起伏不定，每时每刻都在变化。就算你现在觉得很享受，也不意味着三个月后你仍然乐在其中。

所以重要的是，我们要时常询问自己这个问题，并想办法找到能够保持住快乐情绪的方法。

问题五 "我是兴奋的还是平静的？"

"你兴奋激动吗？"——这个问题听起来稍显幼稚，可能更适合去问小孩子而非成年人。但我相信，在自问什么是激情、欲望和爱的源泉时，没有比这更合适的问题了。

这些问题与"喜欢吗？想做吗？感兴趣吗？有乐趣吗？"的问题，有一些细微的区别，是检查深层欲望和需求与现实之间是否存在联系的好方法。

在我们公司里，团队的工作理念（兴奋的标准）是：把自己的爱好作为工作。所以我会经常问员工："你正在做的工作，会让你感到激动兴奋吗？"这不是为了了解员工一时的情绪和感受，即在短期内是否辛苦或劳累，而是为了确认工作是否触动了他们核心的热情和价值观。

如果他们没有感到激动兴奋，我们就检查一下什么地方发生了变化，无法触及什么价值观，然后调整工作方法或进行职责转换。

员工们会互相提醒，避免在从兴奋点就有分歧的情况下，还干劲十足地工作。当然，我也会经常问自己这个问题。

问题六 "它到底适不适合我？"

有个词叫"合乎性情"，那些与你个人的兴趣和优势相契合的事情，会让你能够坚持下去，并取得成果。

例如，写书这件事就很符合我的性情。自己和自己对话而不与其他人交谈，给我一种"合乎性情"的感觉。

一直以来，我喜欢的都是拼拼图和拼塑料模型这种安静的活动。相反，派对这种社交应酬的场合，就不合我的脾气。

当你年轻时，做不擅长的事情可以让你有更多选择。不过，在漫长的人生里，想要找到自己的"天职"所在，并激发自己的潜能的话，做符合自己性格脾气的事很重要。当你开始做一件事时，如果自问它是否适合自己，就可以从直觉中感受到它与自己性情的适配度。

如果感性标准给出的答案是不适合，就不要执着于它，而是要去寻找其他的可能性。你最终会找到符合自己性情的事情。

问题七 "这是我内心深处所渴望的吗？"

最后，更深入地体会发自内心的感受，然后问自己："这是我内心深处所渴望的吗？"

我在教练工作中，当客户需要做出人生的重大决定时（如结婚、换工作、创业），我就会问他们这个层面的问题。

穿过喜欢或有乐趣这些感觉层面，进入更深的层次后，这里的价值观、使命感，以及囊括了它们的内在原动力，与你所渴望的一致吗？这个问题对于感受内心最深处坚定不移的信念很有帮助。

这些问题是为了与心脏、腹部对话，而不是与头脑对话。

在这里加上"放电还是充电"的问题，你将能够在与心灵的对话中，提出更加多样的问题。

第三步：根据重要性做出取舍

接下来，是最后一步。

这一步的关键在于，把重要的和不重要的事物区分开后，应该根据重要性做出取舍，详见图 3-6。坚持这样做，将改变你的生活、节约你的时间、调节你的心境，让你的人生变得更美好。

舍 → 优化 简化 ← 取

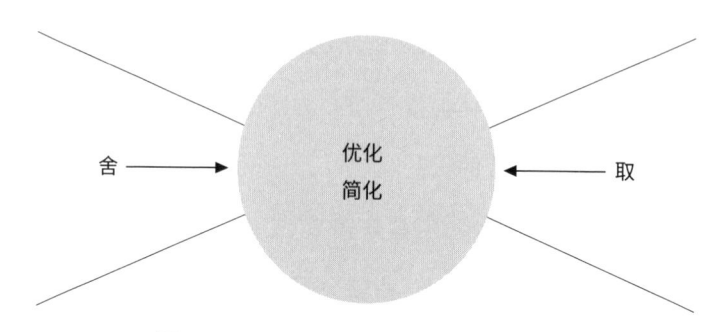

图 3-6　调整和简化重要和不重要的事物

同样，让我们以收拾物品为例。

当我与日本最大的整理收纳专家协会的代表理事泽一良先生进行交谈时，他告诉我，该协会已经培养了超过 15 万名被称为整理收纳顾问的整理专家。

他说："酒店房间之所以那么整洁，是因为房间里的东西本来就不多。我们的房间总是杂乱不堪，不是因为没有整理，而是因为东西太多了。那么，这种每况愈下的恶性循环的根源何在呢？这在于我们总是无节制无计划地乱买东西。如果总是想着添置物品，而不考虑清理物品，房间自然就会越来越乱。"

他说的没错，的确是这样。

想买新产品的欲望是无限的，但空间是有限的，所以房间里就堆满了东西。

这一模式同样适用于生活和工作。

我们希望有更多的时间去阅读、跑步、拉伸、冥想、学习英语，花更多时间与配偶交谈、为自己做饭，等等，不知不觉中想做的事情越来越多，不过，一天只有 24 小时。我们不断地加码，随之而来也一定会产生一些副作用。

工作、家庭、育儿、独处……要做的事情太多，如果你很贪心，想把所有事情都塞进你的日程表，那么 24 小时排满了也不够用。

决定"开始做某事"很容易，但决定"停止做某事"却很难。所以，想要简化你的日程安排或目标，首先要做的就是学会舍弃、放弃和抛弃。要明确"放下"的规则。

明确什么是重要的

当你明确了什么是重要的，你想做什么，你的目标是什么，你就可以找到属于你自己的人生内核。只有弄清楚什么是重要的，你才会在高效地利用时间方面努力。

然而，如果你搞不清楚什么是重要的，那么情况就无法获得改善。

所以在书写整理中，我们要明确自己的价值观，描绘出一幅理想的画面，弄清楚"怎样才是最理想的"。

如果不把"我想要做什么"作为行事的根基，那就不能保证日常生活中时间的充足。想要找到这些价值观和理想，只能不断地与自己对话，从自己的内心里发掘。

明确了这一点以后，你就可以定义哪些时间是宝贵的。

这之后，你才能考虑"什么是不重要的"。这是因为，重要和不重要是相对而言的，是优先级排序的结果。

削减和消除不重要的事物

整理物品的本质是削减、丢弃和放下。

整理心境和整理日程表也是如此，扔掉这件事本身，其难度不言而喻。

受心理因素的影响，如不想被人讨厌，不想被人认为做事不妥，不想失败，想求心安，不想后悔，等等，人们往往犹豫不决，不敢放手。

山下英子给出的建议是：断舍离是一个循序渐进的、重复的训练过程，所以要反复试错，即使失败了也要继续采取行动。

我也建议你在整理心境的过程中，通过循序渐进的反复试错，逐步做出改变。与自己的对话不是一朝一夕就能完成的事情，而是一个长期的过程。

重要的是，不要想着一步到位地砍掉要做的事或执着的事，达到一扫而空的效果，而是要反复试错，循序渐进地积累起意识，向更好的状态迈进。

不过，这么说难免有些抽象，所以我将以自己的亲身经历来结束本章，告诉你我在人生中是如何做出取舍的。

专注于人生里重要的事情

十几年前，在我二十八岁的时候，我不想再给别人打工，于是成了一名教练，并决定创办自己的公司。

在那之前，我一直在日本知名大公司上班，工资很高，也很受重视。

然而，我就是在工作中找不到任何满足感和意义，觉得自己的优势仍然处于休眠状态。再这样下去，我的激情之源就会干涸。我一直苦恼于不知道怎么做才能活出自我，后来终于找到了属于自己的方向，那就是独立创业。

下定了决心后，我打算在一年内实现自己的创业梦想，所以在做日常工作的同时，还要兼顾创业的准备工作，这个过程很辛苦。

每一个早晨和晚上，我都是在教练技能培训和集体实践中度过的。在周末，我去参加教练研讨会，并积极参加所谓的交流会，以拓展我的人脉。

那时候，我还在坚持上班，每天还是要一直工作到晚上9点。我觉得如果继续这样下去，创业计划只会变得遥不可及。

于是，我重新评估了眼下哪一块的时间是最宝贵的，然后提高了工作效率，决定在晚上7点前完成工作，并鼓起勇气减少了加班。

一开始，我拉不下脸比前辈和上级更早下班。我担心周围的人会对我指指点点，但经过深刻内省，明确了自己的理想、目标和行动后，我能够对自己的工作负责并做出成果。

对工作结果负起责任后，我决定砍掉不必要的加班，不再摸鱼拖延。我没有对本职工作敷衍了事，而是想办法让工作效率更高。

一年后，我成功地实现了创业的梦想，现在是我创业的第16个年头[1]，虽然经历了曲折，但我拥有了属于自己的人生。

想要改变自己的人生，你需要探索自己的价值观，明确自己的理想和行动，并花更多时间在上面。

然而，一天只有24小时。你必须相应地砍掉、压缩或削减做某些事情的时间。

---

[1] 本书的时间节点为原书的出版时间。——编者注

那些"应该做的事",比如林林总总的待办事项、成堆的问题、需要回复的电子邮件、作为家属或上司的职责等,逐渐塞满了你的日程表。

然而,就像存钱一样,仅仅在有盈余的时候把钱存起来是不够的,重要的是要有意愿和决心,搞清楚为了什么而存钱,存多少。

这是我的故事,现在让我们来探索你的故事。每个人对幸福的定义都各不相同。有些人觉得,实现自己的目标就是幸福,还有人觉得安稳地生活、安定祥和就是幸福。每个人心中最看重的价值观也各不相同。

整理心境时,必须明确对你来说什么是重要的,什么是不重要的。

在接下来的章节中,我们将介绍书写整理的五项具体任务。

第四章

书写和结晶

每月写一次回顾手账

进行书写整理时，我们要做些什么？

我在上一章中，介绍了整理心境的步骤，具体如下：

第一步　把所有东西都拿出来（拿出）。

第二步　根据感性标准，将重要和不重要的东西区分开（区分）。

第三步　根据重要性做出取舍（改变）。

其中，第一步以书写冥想结束。

第二步和第三步是对这些内容进行整理，将其分为重要的和不重要的，并加以处理。这部分相当于书写整理。

书写冥想是"每日一记"，即对每一天进行回顾和反思。书写整理是"每月一记"，因为它是按月进行的。

在书写整理过程中，我们会回顾日常记录，探索整理心境和生活的要点。我们还将探索自己的价值观，描绘一个理想的愿景，同时制订行动和习惯养成的计划，让我们与理想更接近。我们要确定自己的目标，把时间花在重要的事情上，舍弃不重要的事物，然后重复这个循环。

书写整理过程包括五项具体任务：制作影响分析图、制作价值观导图、制作理想愿景图、制订行动计划和制订习惯养成计划，详见图 4-1。

书写整理	每月一记			
^	行动计划		习惯养成计划	
^	影响分析图	价值观导图		理想愿景图

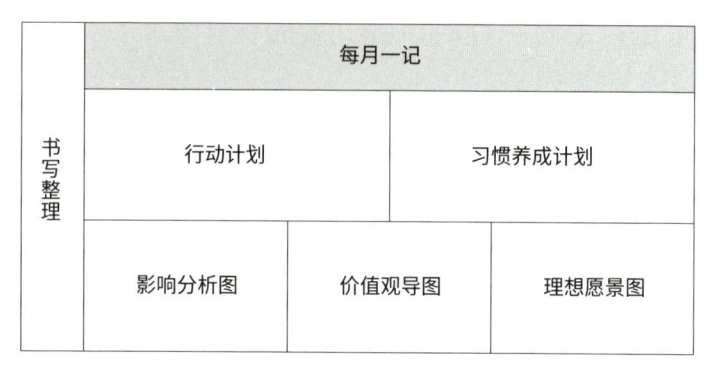

图 4-1 书写整理的五项任务

为了探索价值观和理想，你需要每月至少进行一次这种深入的自我对话，以提高自我认知，找到人生的方向。

让我们来看看这五项具体的任务。

每月一次，通过五项任务进行回顾和反思（每月一记）

书写整理的目的是根据一个月的日志，综观你的内心和生活的模式，找到优化的行为模式并改善自我，探索最深层次的价值观和理想，从而找到自己人生的方向。

这种书写整理是一个需要集中精力进行自我对话的过程，要花一定的时间。所以书写整理的前提就是：不用每周都写，而是每月抽出一次时间，静下心来专注于这件事。

让我们每月一次，对日常日志进行回顾和反思，思考改善自我的方法，探索自己内心的价值观，描绘理想的愿景吧。

对于那些不需要明确自己的价值观和理想的人来说，完成书写冥想（每日一记）就足够了。但是，如果你目前感觉在人生路上迷失了方向，想勾画出真正的自我、真正的理想，或想找到自己真正珍视的是什么，我推荐你完成"书写整理（每月一记）"。

书写整理涉及五项任务，总共需要大约一个小时的时间。

请试着每月专门为自己抽出一次时间，在咖啡馆或其他可以集中精神的地方，进行书写整理。

真正自我认知的关键在于，循环并深化"内省到采取行动"这一过程。

制作影响分析图、价值观导图、理想愿景图，属于内省的环节，制订行动计划和习惯养成计划，属于采取行动的环节，详见图 4-2。

一些关于自我分析的书籍中所欠缺的是，让内省和采取行动循环起来的观点。一个人在笔记本上完成自我对话，并不能让你认识真实的自我。现实中的行动，生活中养成的习惯，能够让你强烈地感受到对你来说什么是重要的、什么是不重要的。也就是说，在行动中内省是非常关键的。

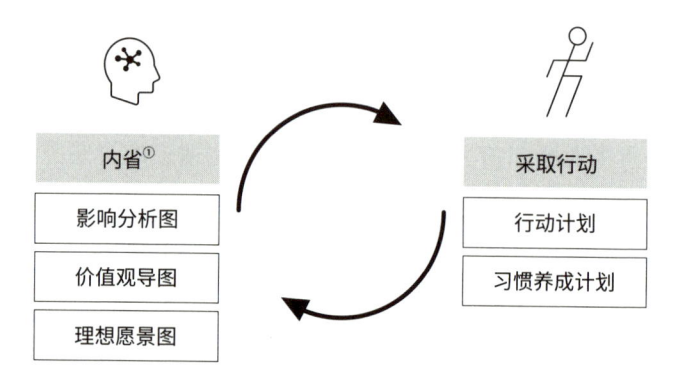

```
        内省①                    采取行动
     影响分析图                  行动计划
     价值观导图                习惯养成计划
     理想愿景图
```

图 4-2　循环采取行动和内省这一过程

我设计了这五项书写整理任务，是为了让你重视这样一种循环模式：深化内省，在现实中检验，再进一步对身心所接纳的事物进行反思。

让我们逐一看看这五项具体的任务。

任务 1：从影响分析图中探索情绪模式

如果看一下书写冥想的放电和充电日志，你会发现自己总是重复做同样的事情，已经到了可笑的地步。仅仅通过记录，你就可以意识到这一点，但在汇总和将模式可视化以

---

① 对自己的思想、语言和行动进行深刻反思。——译者注

后，不管你愿不愿意，你都能意识到自己的倾向性。

我们的内心会被工作、家庭和人际关系等许多因素所干扰，但从更广阔的视角来观察你会发现，你往往在重复同一个模式。

因此，请试着各总结出大约"三个"自己的放电（情绪低落）和充电（情绪高涨）模式。

"影响分析图"是挑选出本月对你有强烈影响的放电和充电的模式，然后制成的直观的可视图。

各写下导致放电和充电的三个因素，你就可以看到大约80%的影响你情绪的共同因素。

例如，图4-3是我画的一个影响分析图，它包含了放电和充电事件中，产生了强烈影响的各三件事。

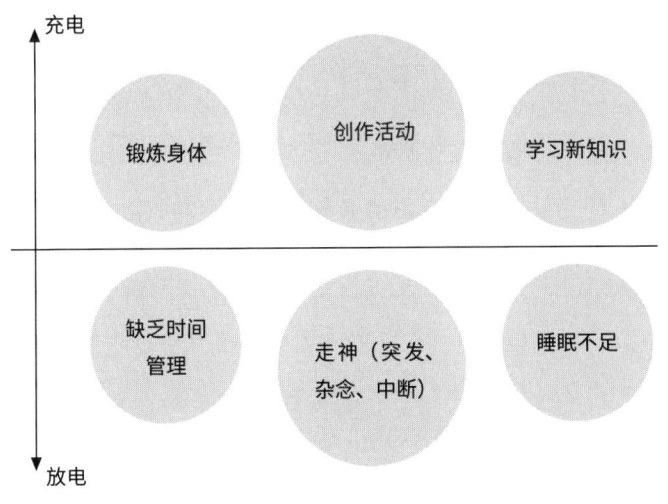

图 4-3 影响分析图

整理心境的关键在于"减少放电事件，增加充电事件"。

这样就可以把问题的范围缩小到影响你的内心、对你产生冲击的事物，从而简化需要采取的对策。当然，问题并不容易解决，但与难以捉摸、模糊不清的烦闷相比，针对有明确争论点的问题采取对策，或多或少会让你获得一些情况开始好转的安心感。

一旦以这种方式缩小了问题的范围，你就可以考虑如何消除这三个放电事件，以及如何增加花在这三个充电事件上的时间，以提高你内心的充实度。

书写要点：

- 回顾一个月的放电和充电日志（日志和自我对话），用记号笔标记频繁发生的行为和感受。
- 根据所记录的数量和对你内心的实际影响，写出前三名的放电和充电事件。
- 将更重要和更有影响的事件放在中间，或画一个更大的圆圈。
- 可以自由发挥（★图4-3不是通用的，仅作参考）。
- 次数不限于每月一次，可以每天书写，以了解你内心的倾向。
- 书写时间控制在"10分钟"比较合适。

📖 任务 2：利用价值观导图创建决策轴

价值观导图是将"什么是我最重视的"这一价值观转换成文字，从而进行探索的一种方式。

当你探索到自己的价值观，使其成为人生的中轴线时，真正的美满就会到来。

放电和充电的事件和感受，影响着你的内心。虽然你在纸上呈现了感觉、情绪和欲望，但并不能找到真正的愿望。

位于情感深层的，是植根于价值观的愿望。从价值观孕育出来的，是艰苦但有回报、有风险但令人兴奋的感觉，而不是表面上的快活或辛苦等感受。

内心真正的充实，不能仅仅通过整理表面的感受来实现。

价值观这个内在标准，是内心世界的中轴线。如果价值观含糊不清，你就不知道自己想要什么，也就无法找到自己的目标。

每当价值观被转化成文字时，你就会从内心感受到什么是你最重视的。

下面我列举了一些价值观的关键词。当你看到这些关键词时，会发现有些离你很近，有些则很远。

如果你把沉睡在内心深处的价值观用文字表达出来，那么当你被与他人做比较、被目标值或他人的评价所干扰时，它们将帮助你回归到你真正重视的中轴线上，感受到内心的沉着稳定。

换句话说，它可以成为你心灵的指南针，让你可以随时确认"我所珍视的是什么"。

价值观：

自由、感动、趣味感、挑战、安心、稳定、和平、一致、秩序、纪律、和谐；

关怀、联系、简单、平衡、爱、学习、成长、公正、友谊、贡献；

诚实、信任、正直、乐观、共情、理性、谦逊、正义感、力量、控制；

独立、主动、安稳、舒适、放松、美丽、感性、灵感、直觉；

发明、创造力、想象力、陌生的世界、安排、规则、启蒙、奉献、理解；

伟大、优雅、辉煌、最佳、未知、竞争、服务、卓越、影响、掌握；

变化、团结、角色、领导、乐趣、个性、成功、能力。

然而，不要被这里列出的价值关键词所束缚。最好的文字，是你面对那张纸时自然而然写下的文字。就像泉水在大自然中经过地层过滤后，在大地上涌出一样，只有经过你的全身后再涌现出来的文字，才是反映你的价值观的文字。

请随意地提出关键词。如果不为他人所熟知，也没有关系。重要的是，关键词要适合自己。

另外，不要只写下关键词，如果有插图或绘画，将更容易充分地表达出你内心的价值观。

以下是书写步骤。

首先，准备一张白纸。

接下来，问问自己"什么是我所珍视的？"，然后将此作为一个核心问题，随意用关键词和示意图将答案表现出来。

你也可以参考放电与充电日志，和前面提到的关键词列表。

不过，最好的文字是发自内心的不加修饰的文字。

另外，示意图可以自由发挥。请参考图 4-4，了解其中的一种。文字和示意图都自由发挥，可以更充分地表达你的价值观。

书写要点：

- 在一张白纸上随意地书写。
- 通过参考放电、充电日志和询问内心，写下代表价值观的词语。

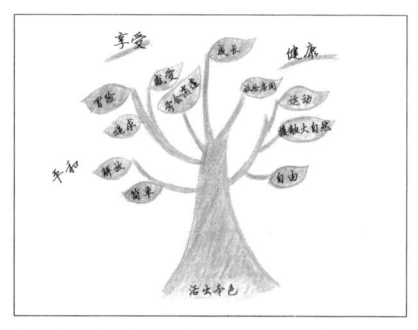

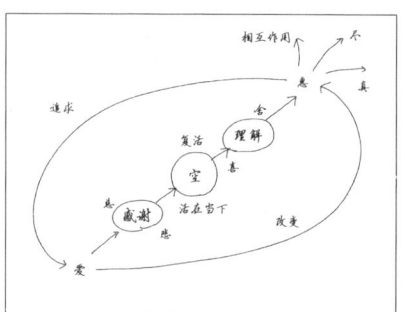

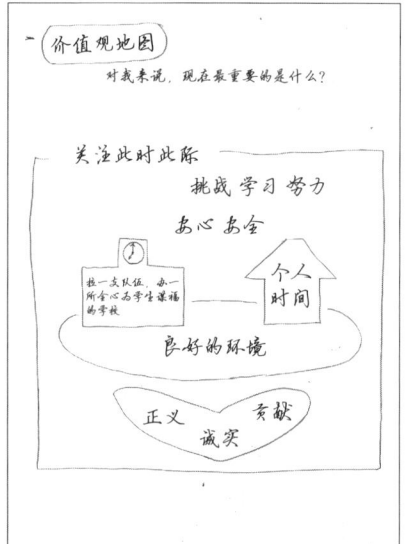

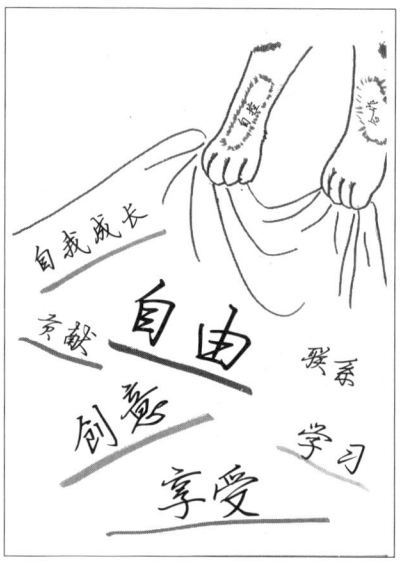

图 4-4　价值观导图的风格可以随意发挥

- 可以使用示意图或绘画。
- 通过变换颜色和画插图来激发想象力。
- 不要太在意输出的完整性。
- 感受"什么是我所珍视的?"并进行一系列的对话。

- 书写时间控制在"15分钟"比较合适。

任务3：制作理想愿景图

若是已经找到了价值观，就以它们为基础来描绘一个理想的愿景吧。

一旦明确了理想，你就可以排列每天、每周和每年的活动的优先次序，确定哪些是重要的活动，哪些是不重要的活动。

价值观和理想的关系，类似于天文馆的投影仪和星空之间的关系，详见图4-5。价值观这架"投影仪"所投射出的"星空"就是理想。若不是由价值观投射出的理想或目标，即使实现了，也不会获得满足感。

图4-5 理想是价值观的投射

有了理想或目标却无法采取行动或坚持不下去，并不是因为你没有恒心或毅力，而往往是由没有扎根于价值观这个根本性错位造成的。

另外，如果目标没有植根于价值观，即使达成了，也会像海市蜃楼一样，满足感会逐渐消失，只留下一片空虚。我这样做是为了什么呢？一想到这个问题脑子就晕晕乎乎的，由于不容易找到答案，你会试图通过设立下一个目标、奔向新的海市蜃楼来消除挫败感。

此外，我在教练工作中，遇到过许多这样的客户：由于目标与自己的初心相违背，所以越是实现自己的目标，精神上就越痛苦，继续下去是地狱，停下来还是地狱，他们为自己的状态烦恼不已。

重要的是要在价值观－理想－目标之间建立一种联系。做到这一点，你的行动就会有取之不尽用之不竭的动力，不仅能从结果中获得满足感，也能从过程中获得满足感。

此外，描绘理想并不随着一时任务的完成而结束。

关于价值观和理想，并不是一旦完成理想愿景图就可以高枕无忧了。第一次写出的内容会有些不知所云，不是那么合适。对于很多人来说，理想太过抽象，一开始无法写清楚。

所以我们把它纳入了每月一次的书写流程。通过每月在白纸上书写，你将逐渐获得清晰的思路。

重点不在于"完成"，而在于"探索"。

明确价值观和理想愿景的关键在于，积累和实践循序渐进的自我对话。找到自己发自内心想做的事，是这个积累过程的"结晶"。

制作理想愿景图的方法

那么，应该怎样把它们写下来呢？

请看图 4-6，我把它称为"理想愿景图"。

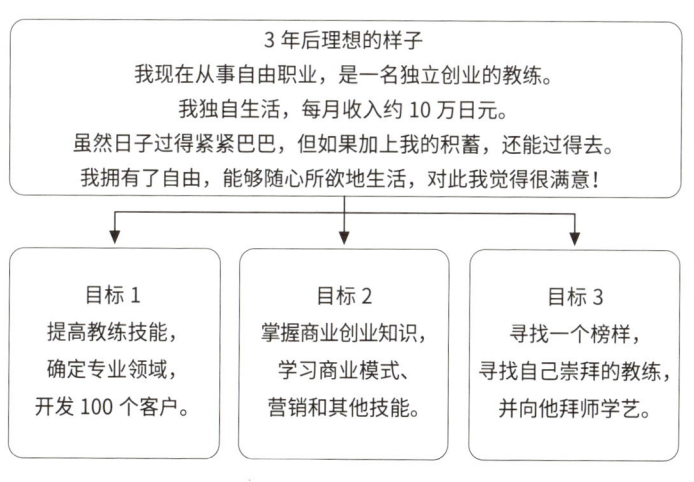

```
3 年后理想的样子
我现在从事自由职业，是一名独立创业的教练。
我独自生活，每月收入约 10 万日元。
虽然日子过得紧紧巴巴，但如果加上我的积蓄，还能过得去。
我拥有了自由，能够随心所欲地生活，对此我觉得很满意！
```

目标 1	目标 2	目标 3
提高教练技能，确定专业领域，开发 100 个客户。	掌握商业创业知识，学习商业模式、营销和其他技能。	寻找一个榜样，寻找自己崇拜的教练，并向他拜师学艺。

图 4-6 理想愿景图

设定你"若干年后理想的样子"，并写下那个激动人心的未来。

如果你不确定时间，我建议你把时间定为"3年后"。

我是根据自己多年的教练经验，和多年来的体会而提出的这个建议。1年后的目标太过现实，而很多人又很难想象自己5年后的样子。3年后正好不会太过于接近现实，又可以让人对未来充满期待。

制作理想愿景图时，应该怀着激动的心情写下你想成为什么样的人，写出你心目中理想的样子，而把筹划和考量能否实现先放在一边。与其用头脑书写，不如从内心兴奋期待的感受出发。如果你减弱了语气，怀疑自己是否能做到，是否不应该写得太不知天高地厚，或者别人是否会嘲笑你，那么书写就完全失去了意义。

你又不打算给别人看，所以在书写时，不用太担心它的可行性。这是因为，书写的主要目标是了解自己的愿望。重要的是，要问问自己所追求的到底是什么。

这就是描绘理想愿景的意义所在。

图4-6所示的，是一位从事行政事务的女性的案例。

她已经在现在这个公司日复一日地工作了15年。独立创业和从事自由职业只是她的梦想，起初她不好意思写下这些内容，但在理解了任务的意图后，她就能描绘理想的愿景了。

完成理想愿景图后，她想独立创业、想自己做一些事情的愿望一天比一天强烈。我相信这不是对现实的逃避，而是她内心真正的愿望。

重要的是要与你的内心对话。当你尝试将这些作为近期目标实施行动时，就可以在自己的内心确认，它们果然不是虚假的理想，而是真正的理想。

只有内心的声音能告诉你，什么是理想的生活和工作方式。

为了帮助你在心里描绘 3 年后理想的样子，请在享受幻想的乐趣的同时，化身为理想中的样子，回答以下问题。

- 3 年后，你理想中的生活是什么样子的？
- 你住在哪里？
- 你从事什么样的工作或活动？
- 你最喜欢做什么？
- 在过去的 3 年里，什么让你最开心？
- 你现在觉得什么是最有价值的？
- 你有什么爱好？
- 休息日你都会做些什么？
- 你处于什么样的人际关系之中？

接下来，将为了实现"3年后的理想"所设定的目标，分为3个主题。

你可以简单地写下近期（未来3个月或一年内）的目标。你的价值观－理想－目标越一致、越具体，你想要做的事就越明确、越有进展。

当这些理想和目标相一致时，你就能体会到有一个不可动摇的轴心和中心是什么样的感觉。你的内心会产生一种秩序，这种秩序来自一个坚实的核心。我还想赘述一遍，要做到这一点，必须反复地修改理想愿景图。

我们不可能一下子就写得很完美。所写的内容一开始有30%的说服力，就已经很不错了。相反，打磨愿景的对话过程才是真正的价值所在。如果你每月都写，一年就有12次描绘愿景的机会。

这样一来，你就会逐渐地越写越好。

写完价值观导图和理想愿景图后，你会清楚地知道什么事情对自己来说很重要，什么活动对自己来说很重要。然后，你可以通过实际行动，接纳契合或违和的感受，同时将内省和采取行动发扬光大。

书写要点：
- 参考价值观导图。

- 设定你"若干年后理想的样子"（3～5年比较合适）。
- 设定一个令你期待的理想状态。
- 不要过多地考虑可行性，先享受幻想的乐趣，同时进行书写。
- 目标可以只写你在未来一年中想要实现的目标。
- 书写时间控制在"15分钟"比较合适。

任务4：用行动计划改变现实

到目前为止，你已经用"影响分析图"掌握了自己容易陷入的情绪模式，用"价值观导图"通过文字捕捉到了自己最重视的事物，用"理想愿景图"总结了自己理想中的未来和目标。

最后一步，通过制订"行动计划"来改进和实现行动，详见图4-7。

我还想再强调一遍，真正的内省是通过行动来深化的。

当你采取行动时，你会从内脏感觉和内心反应中强烈地感受到自己想要的是什么。这就像用石蕊试纸测试液体，看它是酸性还是碱性一样，当你采取行动时，你的情绪、身体和直觉的反应就会出现。

```
每月一记
┌─────────────────────────────────────┐
│  采取   │  行动计划   │  习惯养成计划  │
│  行动   │            │              │
└─────────────────────────────────────┘
               ↑
┌─────────────────────────────────────┐
│  自省  │ 影响分析图 │ 价值观导图 │ 理想愿景图 │
└─────────────────────────────────────┘
```

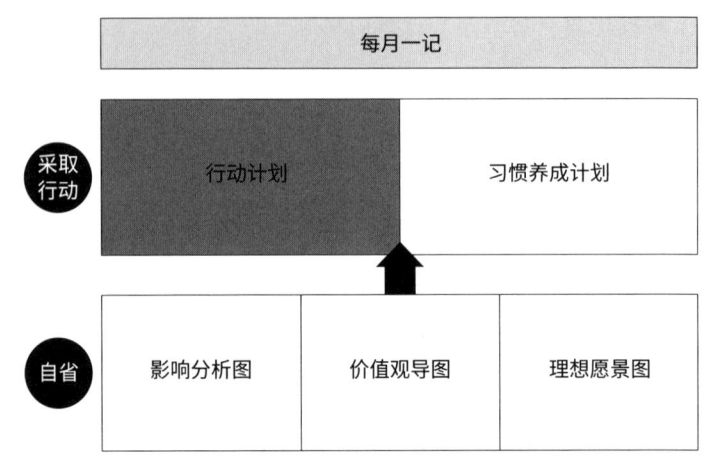

图 4-7　行动计划

可以说，采取行动就是内省，也就是说，真正的内省是通过行动加深的。

如图 4-8 所示，我们根据影响分析图、价值观导图和理想愿景图，拟定了一份一个月的行动清单。

在影响分析图中，你总结了减少放电事件和增加充电事件的行动和习惯。

在价值观导图中，你设想了一些强化自身价值观的活动。

在理想愿景图中，你写下了能推动理想和目标前进的行动。

审视自我，思考改变人生的行动时，需要把时间延长到一个月，否则每天或每周的视角太过狭窄，行动很有限，无法做出巨大的改变。

本月的行动

☆ 周一节食减肥（每周）。
　　吃一份沙拉和味噌汤，5 分钟后再吃一份主食。

● 俯卧撑和仰卧起坐各做 50 个（每天）。

☆ 固定的工作时间为上午 7 点至下午 3 点（工作日）。

● 22:00 睡觉（每天）。

● 为了考取资格证书，在早上学习 30 分钟（每天）。

● 完成一个重大项目的提案（10/10）。

☆ 开始学习一个新的课程（10/30）。

● 去逛一家书店（10/30）。

● 去看一场电影（10/12）。

● 抽出时间读 30 分钟的书（每天）。

● 与家人去露营（10/28）。

图 4-8　A 的行动清单

制订行动计划时有三个步骤。

第一步　发动头脑风暴，把你想做的事全部列出来

首先，参考你的影响分析图、价值观导图和理想愿景图，写下一个月里你想着手实施的事项，但不需要每件事都做。

把它们全部写下来，可以帮助你专注于真正重要的行动和习惯。

参考图 4-8，在"行动清单"上写下你在这个月要做的事情。

把你能想到的想做或希望能做的事情，全都写下来。

书写的关键在于，以"列出构想的行动"为前提。主旨就是先把所有的内容列出来。

将行动发散，再缩小范围是非常有效的。

第二步　缩小范围，只保留触及核心的部分

接下来，思考在这些行动中有哪些是特别需要关注的，然后用星号标出最重要的那些行动。如果不缩小范围，不根据价值观和理想，看清什么才是最重要的，你最终会陷入"这个也想做，那个也想做，结果哪个都没做成"的消极循环中。

星号标记的可以是影响力大的事情，或者是需要集中精力的事情，或者是紧急的事情。你可以用自己的标准做标记。顺便说一下，我会在写下 10 个行动后，询问自己"最重要的 3 个行动是什么"，然后对其进行标记。

第三步　写下行动将何时开始，何时结束

最后，写下行动将何时开始或结束。它可以是着手行动的日期，也可以是完成行动的日期。如果什么都不写，就找不到开始的时机。

就我而言，对于不动手做就不知道何时能完成的任务，我会设定一个开始日期。相反，如果我觉得设定一个结束日期会让我更有动力，我就会设定一个结束日期。

这看起来像是一个待办事项清单，但你应该把它看作一个"愿望清单"。这里唯一重要的是，思考行动的方向并使之具体化。

如果你把行动计划写下来，感觉这个计划合情合理，你就去做；如果没有，你就不去做。因为积极性应该是自然散发出来的。不要把行动计划看成一个待办事项清单。

在驱使自己尽义务这件事上，我们已经做得够多了，如果在制订行动计划时，再给自己安排任务量，只会让自己更辛苦。

当然，如果能充电（让人情绪高涨）就无所谓，但如果你写了很多计划，有了更多的待办事项，只给人一种做不完的感觉，变成了放电（让人情绪大跌），那就会适得其反。

最应该避免的，是给自己施加不必要的期望，认为自己

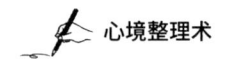

必须做所有的事情，一旦现实与理想不符就不去面对。

关键要把行动计划看作一个"愿望清单"，而不是一个"必须完成"的任务清单。

书写要点：

第一步 把你想做的事情全都写下来。

①参考影响分析图，写下减少放电和增加充电的改进行动。

②参考价值观导图，写下你想做的事，或想放弃的事。

③参考理想愿景图，写下推动目标前进的行动。

第二步 把范围缩小到最重要的行动上。

将范围缩小到最重要的行动上。如果你的清单有10个行动，你可以把范围缩小到3个，或者如果你很忙，你可以问问自己："如果在最坏的情况下只能做一件事，那会做什么呢？"这将帮助你缩小范围，安排好优先顺序。

第三步 写下开始或完成日期。

写下行动将何时开始，何时结束。不过，不要把行动计划看作一个待办事项清单，而是要把计划写下来，使之具体化，注意你的动机如何变化，确认自己想做的事情是否真的重要。

书写时间控制在"10分钟"较为合适。

任务 5：利用习惯养成计划，让日常生活发生改变

在图 4-8 的行动清单中，"临时行动"和"习惯性行动"混合在了一起。接下来，让我们对如何养成习惯性行动，做一个计划。"习惯养成计划"是指注重平衡，使行动变成每天的习惯，详见图 4-9。

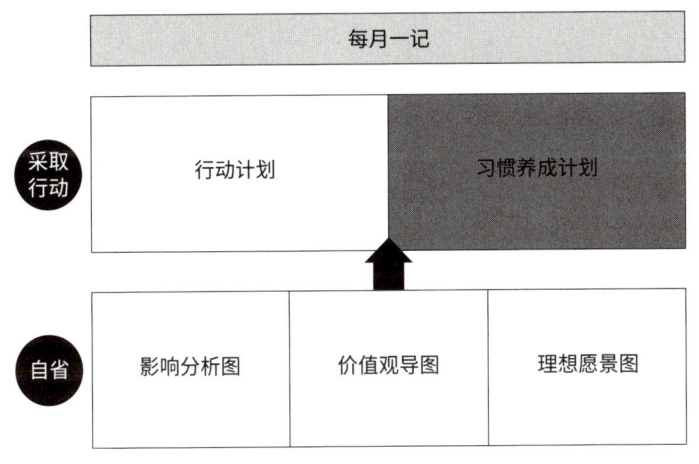

图 4-9　习惯养成计划

如图 4-10 所示，写下你的"理想"的日程表和"现实"的日程表，并进行对比。

首先，从行动清单中提取习惯性行动，并将它们放在理想的日程表中。

心境整理术

	时间	日程表		时间	日程表
1	5:00	睡觉	1	5:00	睡觉
2	5:30		2	5:30	
3	6:00	吃早餐、穿衣打扮	3	6:00	
4	6:30		4	6:30	
5	7:00	上班	5	7:00	吃早餐、穿衣打扮
6	7:30		6	7:30	
7	8:00	复习考证、阅读	7	8:00	上班
8	8:30		8	8:30	
9	9:00	工作	9	9:00	工作
10	9:30		10	9:30	
11	10:00		11	10:00	
12	10:30		12	10:30	
13	11:00		13	11:00	
14	11:30		14	11:30	
15	12:00		15	12:00	
16	12:30		16	12:30	
17	13:00		17	13:00	
18	13:30		18	13:30	
19	14:00		19	14:00	
20	14:30		20	14:30	
21	15:00		21	15:00	
22	15:30		22	15:30	
23	16:00		23	16:00	
24	16:30		24	16:30	
25	17:00		25	17:00	
26	17:30		26	17:30	
27	18:00		27	18:00	
28	18:30	下班	28	18:30	
29	19:00		29	19:00	
30	19:30	吃晚餐（自己做）	30	19:30	
31	20:00		31	20:00	
32	20:30	洗澡、伸展运动	32	20:30	下班
33	21:00		33	21:00	
34	21:30	自由安排时间	34	21:30	吃晚餐
35	22:00		35	22:00	
36	22:30		36	22:30	
37	23:00	睡觉	37	23:00	玩手机
38	23:30		38	23:30	
39	0:00		39	0:00	
40	0:30		40	0:30	洗澡
41	1:00		41	1:00	看电视
42	1:30		42	1:30	睡觉
43	2:00		43	2:00	

图 4-10　A 的习惯养成计划

接下来，写下目前现实的日程表（只需假设一个普通的日子）。最后，做出调整，进行"删减"和"补充"。

例如，图 4-10 中 A 写下的现实情况有：有点睡眠不足（只睡 5 小时），缺乏运动，体重增加，以及长时间加班。理想情况有：复习考证，读书，晚上做伸展运动，自由安排时间。

如果把这些都包括在内，日程表会是什么样子呢？

即使在行动清单中列出了你理想中的样子，如果不放在现实的时间进展图中考量，也不能很好地平衡它们，如果想优先保证复习考证和睡觉的时间，你应该清楚地知道必须放弃什么。当你把这些习惯放到图中时，可以看到提高工作效率是多么有必要。

这种形式的可视化图表，可以让你看到差距。想通过一步到位的改变，使现实更接近理想，是很困难的，所以如果你慢慢来，花大约 3 个月时间专注于关键点，理想中的生活习惯就不再是遥不可及。

养成习惯的法则："缩小范围！缩小范围！下调标准！"

想要成功地养成习惯，你需要做到"缩小范围！缩小范围！下调标准！"。

例如，假设你有一个目标，要在清晨早起学习英语。

第一个法则"缩小范围"是"一次只养成一个习惯"。

或许你想把目标设定为早起、学习，有可能的话再加一个慢跑，可是这样是行不通的。同时启动这三个计划，你很可能会失败。

所以，首先要缩小范围，确定是要养成学习习惯、早起习惯还是慢跑习惯。

第二个法则"缩小范围"是制定具体的行动规则，比如"我必须怎样做才能保证在早上 5：00 起床？"。我把它称为第一瓶（center pin）[①] 行动，例如，我会设定在晚上 22：00 睡觉，20：00 前洗澡，下午 18：00 前离开公司。这样一来，关键的行动就变得具体了。尽量把"第一瓶行动"的范围，缩小到一两个简单的行动上。

最后一个法则"下调标准"是要像"婴儿学步"一样，步子不能跨得太大，要把慢慢来作为行动标准。

如果你的目标是晚上 18：00 下班，而目前 20：00 下班是常态，那么马上改成 18：00 下班，可能会很难实现。

因此，你可以改为提前 30 分钟下班，从而让自己能够把控。然后给自己定下"19：30 下班"的目标，并且忠实地执

---

① 打保龄球时，视线中最前方的那个球瓶被称为"第一瓶（Center Pin）"，击中它才有可能大满贯。——译者注

行计划。

同样，从24：00上床睡觉改成22：00上床睡觉，实现起来会很困难，所以可以改成决定在23：00钻进被窝，这也是一种"婴儿学步"。

想要有意识地改变日常活动中早就习以为常的生活习惯，关键在于要遵守"缩小范围！缩小范围！下调标准！"的法则。

书写要点：

第一步　写下理想中的日程表。

第二步　写下现实中的日程表。

第三步　执行"缩小范围！缩小范围！下调标准！"的法则。

● 书写时间控制在"10分钟"较为合适。

以上就是我对5项任务的讲解。

这些内容不要用头脑去理解，而要通过书写，从内心甚至腹部去体会。如果任务有些地方进行得不顺利，也没有关系。倒不如说，如果进行得太过顺利，探索可能只是浅尝辄止。

探索内心的过程，比追求完美、正确答案或大功告成更重要。

整合和简化

在我的习惯养成计划中,有一个重要的关键词,那就是"统合性"。

统合性是整体的平衡在高层面融合到一起的状态。

所谓有统合性的人生,就是将自己的内心调节得很均衡。

例如,假设你要在早上5:00起床。

单纯从行为上看,仿佛能起床你就成功了,就会感到满足。但同时,这也会产生不利的影响,如白天犯困,注意力极度不集中。这还可能改变家人之间的生活节奏,夫妻俩不再有时间进行交谈,久而久之导致二人的关系变差。

对一些人来说,如果不熬夜,就感受不到夜晚的自由和刺激,他们的日子变得索然无味。

像这样,生活习惯还有另一面:它是一个有机体,从你自己的想法、感受,到你与周围人的关系,它与你的一切都有联系。拥有良好生活习惯的节奏,是一种具有统合性的状态,在这种状态下,整体都在一个良性循环中运行。

说到具有统合性的生活方式,我想起了小说家村上春树的日程安排,详见图4-11。

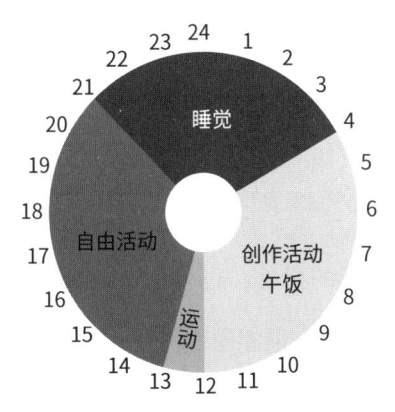

图 4-11 村上春树一天的日程安排

他每天早早起床，在上午写 5~6 小时的文章。在一口气集中完精力后，他就放下笔，开始吃午饭，然后按照惯例，在下午去慢跑，这已经成了他的一种爱好。

他说，从事创作活动要耗费大量的精力，而强健的体魄能够为创作提供能量，所以慢跑就成了每日的必修课。晚上，他会听一会音乐或看书放松，然后早早上床睡觉，为第二天的工作养精蓄锐。

据说一年中几乎 365 天他都重复着这种生活方式，才得以写出了长篇小说。

简单的事物中存在着值得深挖的地方。此前他的创作热情也有起伏，也有因写得太多而打乱节奏的时候。

他说，在漫长的作家生涯中，经过长期的试验和排除错误，他才确定了这些惯例。

当然，你不一定非要这么有规律。普通人一般是做不到的。每个人的习惯各不相同，比如有人喜欢早起早睡，有人则是夜猫子。

根据你所重视的标准，以及你的家庭和工作上的安排，在习惯养成方面，找到最能够取得统合性的节奏就可以了。

这里没有唯一的答案。重要的是，你要在实际生活中进行试验，通过反复的试验和排除错误，找到属于自己的、让生活更充实的节奏。

人生的关键词就藏在你随心而写的内容中

要想找到人生的价值，知道"为什么做"比知道"要做什么"更重要。

你必须透过表面看到其背后深层次的内容。

让我来举个例子，曾经有一位名叫三宅隆宏的老先生，以 76 岁的高龄，来到我的讲座听课。

三宅是一位非常活泼的老先生，他培养过许多兴趣爱好，如登山、油画、游泳、英语、散步、书法和高尔夫，但哪一项都不能让他满意。

虽说称现在为第二人生也无妨，但对三宅来说，天天泡咖啡馆，日复一日地重复做同样的事情，这样的生活太无聊了。话虽这么说，但他也不想再经历过去创业时那样的辛苦。

人的寿命普遍达到 100 岁的长寿时代即将来临。他来到我的一年期课程，想找到自己的人生价值，使他的生命再一次绽放。

找到你想做的事情，发现生活的意义，不仅仅是找到具体的"某件事"就够了。重要的是探索你的欲望和愿望，看看能否感受到人生价值的来源。

三宅在通过"书写整理"进行了自我探索之后，"try（挑战）"这个词出现在他的脑海中，他心想："就是它了！"

"try"这个词本身就是一个感性的主题，它体现出了三宅这个人的本质。在他过往的人生中，投资、做生意，以及许多兴趣爱好，都是由"想要挑战"的欲望所驱动的。现在，三宅觉得没有成就感，是因为他缺乏这种挑战的刺激。

三宅所看重的是，能让他继续从心底里感受到"try"的生活。这不关乎结果，而关乎无论多大年纪，都总是能够勇于挑战，取悦自己的灵魂。

于是，他描绘了一个新的愿景。

他想以"延长老年人的健康寿命""让更多的老年人过上生气勃勃的老年生活"为目标,去全日本各地进行巡回演讲,这就是三宅的理想愿景。

那么,如何才能实现这一愿景呢?

为了表达自己的想法和感受,他开始在油管上发布视频,以76岁的高龄,首次在油管亮相。他每天都会录制视频,并亲自编辑近2小时。

对三宅来说,比起结果,继续以这种方式接受挑战,才是他所寻找的活着的意义。

如果你把挑战当作起点,你看待世界的方式就会改变。

当你意识到什么才是真正重要的,你就会活得更简单。

"活出快乐人生!"

"活在当下!"

"重情重义,懂得报恩!"

"相逢即是恩情。"

"诚信人生。"

"我想成为周围人的开心果。"

"我希望为创造一个充满活力的职场做出贡献。"

"我想过和睦安稳的生活。"

"我想一直保持学习的状态。"

"把人生当作一种修行。"

……诸如此类,如果你能用一句话来表达这些朴素的价值观和你的核心所在,它将成为你的支柱和生活的动力。

为此,你要循序渐进地做好书写整理。

实践者的声音②:发掘真正的自我

光子(40多岁,女性,办公室职员)

各种想法在我的脑海中浮现,然后消失,周而复始……我似乎总是拿着一张不准确的地图犹豫不决,不知道该往哪里走。

在我能够独立思考之前,我会接受来自外界的信息和风向,最终根据它们来判断自己的想法是对还是错。

我会没来由地认为自己缺乏自信,所以觉得不能顺应社会主流的自己"不够好",然后在脑子里翻来覆去地反思自己不够好的原因,并给自己贴上负面的标签——"反正我就是个废物",如此循环往复。

掌握了"价值观导图"这个方法后,我把所思所想都写了下来,将它们呈现在纸上后,原本模糊的东西开始有了清晰的轮廓,并在我的眼前浮现了出来,详见图4-12。

"自由"。

当我写下这个词时,身体里的另一个自我发生了强烈的接纳的反应。在切中要害之后,我一连串地写下能够感受到价值的文字,这样的自己,和接纳了自我的自己联结在了一起,这种感觉非常棒。

图 4-12 光子的价值观导图和理想愿景图

我能够客观地看待自己的想法,我被自己设想的行动计划所鼓舞,我为自己的行动有了清晰和具体的形象,而感到兴奋和期待。

第五章

写下来，就会有所改变

"随感手账"
书写实例

我想摆脱混乱的日子

我们已经了解了"书写冥想"和"书写整理"的写法，在本章中，我想通过一个实际的案例，让你对此有一个更具体的概念。

案例的主人公名叫田中麻衣（38岁），她是一位在制造业公司人力资源部门工作的职员，同时也是一位母亲。她与3岁的女儿以及丈夫一起生活。让我们来看一看，她是如何使用随感手账的。

她描述了自身的处境，通过文字吐露了自己的心声。

每天我都感到焦躁、担忧和生气。虽然说为了照顾孩子，我申请了提早下班，但也会被堆积如山的工作压得喘不过气来。由于提早下班，所以我不得不放下手里的工作，留到第二天完成。把女儿从幼儿园接回家后，女儿又不好好吃晚饭。老公喝酒喝到晚上十点才回家。看到老公醉醺醺的样子，那一刻，我的怒火就爆发了。

这个星期，我因为女儿感冒向公司请了一天假。为什么我总得请假呢？

我想考取一项资格证书，以提高自己的职业技能，但我根本没有时间学习。我的挫折感越来越大。

同期进入公司的同事，已经被提拔成了主任，负责重大项目并取得了成果。我觉得只有自己落后了，根本没有成长，所以我感到很焦虑。

我现在在人力资源部门内负责制度改革，我被高层的高压和不合理的意见支配着，每天都被夹在高层和员工的不满之间左右为难。

我所做的事有意义吗？这符合员工的利益吗？

我不觉得每天的工作有什么意义，也不知道应该如何开展工作。

我想做的是什么呢？对我来说，什么是值得我去做的？我真正想要积累的工作经验是什么呢？

育儿和工作都做得马马虎虎，这种人生不是我想要的。但是，我对于自己想怎么做却毫无头绪。

我没有时间就这些问题进行自我对话，只能一边忙于应付照顾孩子和日常工作，一边与负面情绪周旋。

当我把怒气发泄在我的女儿和丈夫身上时，我的自我厌恶感会进一步加剧。这样的日子还在继续。

那么，她可以做些什么来摆脱这样的日子呢？

让我们用随感手账来梳理这一团乱麻的状态吧。

书写冥想(每天一记)

麻衣所做的第一步,是先通过书写冥想,把内心中对于工作和家庭的感受都写出来,从更广阔的角度整体把握情况。

即使她可以全面地描述出内心杂乱无章的状况,但人的感受或情况并不是一成不变的,而是每天都会起波澜的。在书写冥想中,通过每天记录放电和充电日志(见图5-1),可以揭示出连自己都没有意识到的真实情况。

书写整理	每月一记	
	行动计划	习惯养成计划
	影响分析图	价值观导图	理想愿景图

书写冥想	每日一记	
	放电日志 (日志,自我对话)	充电日志 (日志,自我对话)

图5-1 书写冥想(每天一记)

下面是麻衣实际书写的一天的放电和充电记录,以及自我对话(见图5-2)。

放电	充电
日志	日志
● 女儿午睡后醒得比平时早，我没有<u>自己的时间</u>。 ● <u>女儿</u>不吃我做的饭。 ● <u>女儿</u>在我睡觉时踢了我几次，我无法睡安稳。 ● <u>老公</u>早上打碎了碗碟，地上都是碎玻璃。 ● 炖菜从锅里溢出来了。	● 早上喝一杯红茶，使我感到<u>身心舒畅</u>。 ● 点了香薰。 ● 一大早就起床了。 ● 和女儿一起买了玩具，<u>玩得很开心</u>。 ● 在家里悠闲地读书。 ● 在浴室里悠闲地泡澡。 ● 家人称赞我做的晚饭很好吃。
自我对话	自我对话
<u>烦躁和焦虑</u>是最让人难受的。我需要<u>时间独处</u>。我想有更多的时间来学习。抽不出时间让我感到很郁闷。我对女儿<u>没有耐心</u>，没有时间学习让我<u>感到焦虑不安</u>，我没时间考虑自己的事。我要上班，还要照顾孩子，我不知道如何做能抽出时间。女儿还等着我来照顾，公司的<u>杂事又很多</u>。我都不知道该从哪里下手。	早上早起，让我有了更多的<u>个人时间</u>，这种感觉非常棒。如果早上的时间多一些，也许就<u>不用那么慌慌张张</u>了。我仍然想要<u>学习</u>。<u>切实感受到成长</u>，会让我兴奋不已。从短期来看是学习，从长期来看是事业的发展。我只是<u>想学习新的东西</u>。也许我应该和我丈夫谈谈，让他来照顾我们的女儿，这样我就可以在早上有一些时间……

图 5-2 麻衣书写的每日一记

这些内容是她在同一天写的，但把几天的日志放在一起，我们会发现，虽然每天的事件和反应各不相同，但也存在共同的模式。

在麻衣的案例中，大多数事件都与照顾孩子的辛苦、家里发生的事情和工作中的困难有关。

从自我对话中，我们可以读懂她的情绪。

一方面，她对育儿的不顺心感到沮丧，与丈夫缺乏沟通，对自己没有足够的时间以及繁忙的工作感到不满，这些都很明显。

另一方面，当她能够在有限的独处时间里学习时，她意识到了学习是自己活力的源泉。

像这样，每天发生的变化，或经常出现的事件或感受，都用文字表达了出来。通过书写冥想，自己的实际情况已经像砧板上的鱼，可以任凭处理了。

一旦明确了现状，下一步该怎么做就有了方向。为此，将这些情况事无巨细地全都写下来是很重要的。

她原本就是个理性型的人，所以记录日志有助于她推进整理情况，客观地看待自己。

书写整理（每月一记）

在每天坚持进行书写冥想的同时，我们还要每月完成一次书写整理。如前所述，这涉及五项任务。它们是制作影响分析图、制作价值观导图、制作理想愿景图、制订行动计划和制订习惯养成计划，详见图5-3。

书写整理	每月一记		
	行动计划		习惯养成计划
	影响分析图	价值观导图	理想愿景图

书写冥想	每日一记	
	放电日志 （日志，自我对话）	充电日志 （日志，自我对话）

图5-3 书写整理（每月一记）

每月一次，与自己面对面，鸟瞰你的心灵世界。

那么，让我们从"影响分析图"开始。

任务1：从"影响分析图"中把握改善心灵和生活的方法

首先，再次回看一下这个月的放电和充电日志以及自我谈话。

写下其中三个让人印象特别深刻的感受的"关键词"，

就能够把握住产生影响最大的因素。

这将使你能够具体把握取舍的重点。

如图 5-4 所示,麻衣根据她写下的放电和充电日志以及自我对话,总结出了影响分析图,以此来观察自己的情绪模式。

图 5-4　麻衣的"影响分析图"

可以看到,排在放电事件前三位的,是对未来的茫然和担忧重重地压在心头、工作的开展不如想象中顺利,以及家庭生活的不顺心让人烦躁,这三种感受占了很大比例。

排在充电前三位的是,学习、放松和与家人相处。

感受的杂乱无章涉及错综复杂的多种因素,但当你能大致了解自己的行为模式后,你就能知道如何在日常层面上进行改善。

为了消除对未来的茫然和担忧，麻衣决定在早上与丈夫分工，以便有时间独处。她决定每天花 15 分钟，在周末花 30 分钟进行职业规划和自我探索，养成与自己相处的习惯。

由于工作的进展不尽如人意，为此她决定在早上花 15 分钟时间，在启动电脑前做好一天的规划。

更多细节请参见任务 4 和任务 5：行动和习惯养成计划。

任务 2：用"价值观导图"明确你内心的地图

她通过"价值观导图"和"理想愿景图"明确了自己的主见。

价值观和理想是寻找人生中珍贵的事物时，最核心的概念。

把这两者组合在一起时，就能明确你在自己的人生中想成为什么样的存在，以及你为什么而活。

如图 5-5 所示，麻衣绘制了她的价值观导图。

关键词是"自由""创造""遭遇未知""满足好奇心""共情""尊重（人和文化）""松弛感""独处""成长""我就是我（独特性）"。

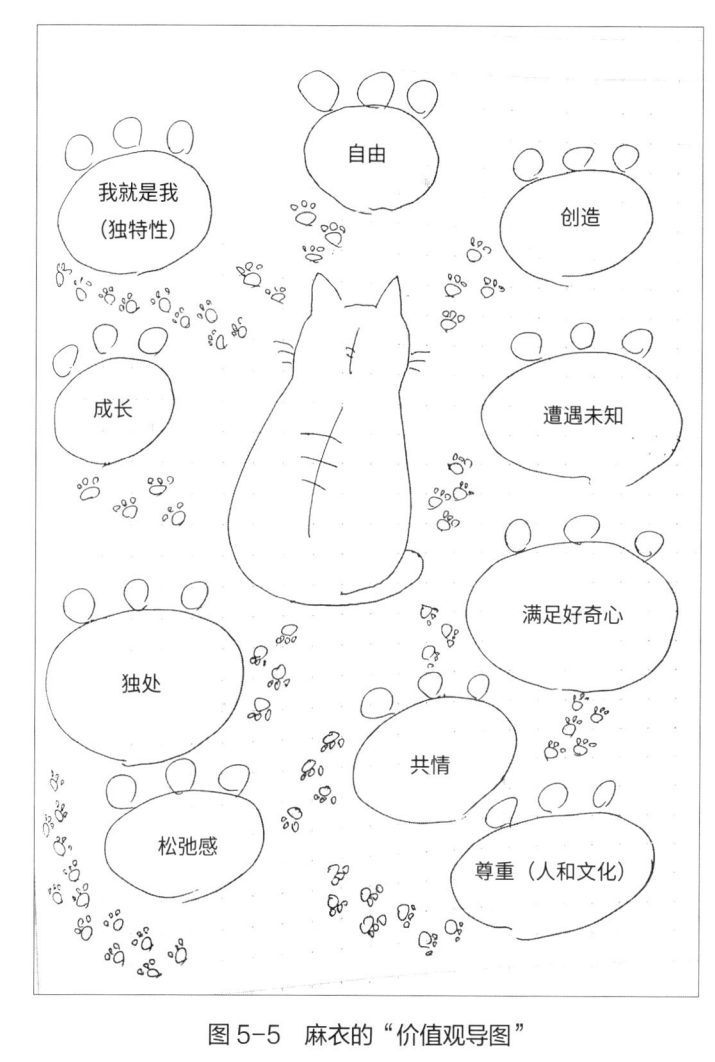

[图示：麻衣的"价值观导图"——一只猫的背影周围环绕着多个脚印形状的气泡，气泡内的关键词包括：自由、创造、我就是我（独特性）、成长、遭遇未知、满足好奇心、独处、共情、松弛感、尊重（人和文化）]

图 5-5 麻衣的"价值观导图"

这些是麻衣在回顾了她到目前为止写出的日志和自我对话，以及和自己相处之后，觉得特别重要的价值观的关键词。

那些触及内心价值观的关键词能够振奋人心。不过，最好确认以下三件事，看看它们是否真的是你自己的价值观，并与你的内心产生了共鸣。

将关键词连接成一个句子。
试着说明目前的情况。
联系到最美好的时刻。

（1）将关键词连接成一个句子

将所有的词连接成一个句子，可以让你对价值观的体会更加强烈。例如，在麻衣的案例中，她是这样写的：

"我想过这样的生活——能够自由地创作，能够确实感觉到我可以表达自己的'独特性'，能够通过'独处'和'松弛感'获得创作的时间。我的作品将与许多人产生'共鸣'，让我'认识陌生人'，满足我的'好奇心'，令我收获'成长'。我的活动将获得周围人的'尊重'。"

用这种方式进行表达后，麻衣的内心深处产生一种欢欣鼓舞的感觉，她想："如果能够实现，那真是太棒了！"

（2）试着说明目前的情况

麻衣回顾了自己制作的价值观导图，有了这样的感受：

"我现在产生负面情绪，是因为我的'自由'受到了限制，'独特性'根本无法展现，没有得到人们的'认可'。我想成为别人，可是这却让我的自我形象大打折扣。"

现在她认识到了她所看重的价值观与现实之间的差距，领会到了自己为什么会感到痛苦。

（3）联系到最美好的时刻

麻衣写下了5年前的回忆，当时她的生活很充实：

"那时，我自己设计的新人培训流程，在公司内部得到了广泛好评。到工作一线，我能够听到员工们高兴地说：'这个方法很有用！'"

她说，因为是以讲师的身份发言，所以能够满足自己想认识很多人的"好奇心"，而且能够切实感受到"成长"。由于那时候还没有孩子，无论是工作日还是节假日，都能保证自己有"学习的时间"，那时真的是非常"自由"。

为什么她当时获得了满足感，现在却对生活很不满意呢？通过观察这张价值观导图，她发现了其中的原因。

通过这种方式，麻衣在"自我认知（感受）"方面有了进步，找到了每天心乱如麻，以及生活方式产生偏差的原因。

重要的不是输出的文字，而是书写过程中一次次的自我对话。这样一来，你内心的价值观就会变得更加清晰。就像星空在空气清朗时会闪闪发光一样，书写会使我们的内心世界变得清澈。

任务3：制作投射了价值观的"理想愿景图"

你要做的下一件事是，描绘一个理想的愿景。

要明确投射了你的价值观的理想愿景。

想让人生发生转变，关键在于要看清行进的方向，知道什么样的状态才是最理想的。

就算已经明确了价值观，但如果你不清楚自己具体要做什么，就不会让生活发生改变。很难挤出时间行动起来。

而且，就算制订了行动或习惯养成的计划，如果你没有下定决心，非做不可，就很难保证你有行动的动力。

为了减少麻衣的放电，即消除其对未来的茫然和担忧，寻找真正的理想和目标是至关重要的。描绘一个投射了价值观的理想后，如果她在忙于家务、照顾孩子和工作时，每天哪怕利用仅有的一点时间，坚持自己的行动，就能体会到奔向理想愿景的充实感。

许下"我想变成这样"的愿望，就能够摆脱茫然和担忧。

麻衣描绘了自己 3 年后的理想愿景：

我希望我的正业和副业都做得有声有色，取得成功。同时希望公司的人事制度能够进一步调动员工的工作积极性。作为制度设计的负责人，我想与高层进行协调。

此外，我还想利用公司所允许的副业制度，周末在外面兼职职业顾问，为个人提供支持。

从事非公司安排的活动，能够使我坚持自己的初心，实现"保持职业新鲜感"的目标。此外，我认为副业的活动也可以回馈给本业，发挥协同作用。

那么，要实现这些理想，都需要做些什么呢？如图 5-6 所示，麻衣在图表中写下了 3 个目标。

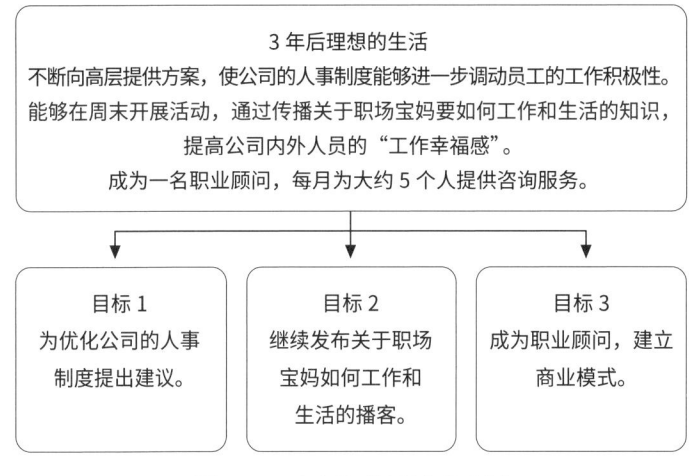

```
3 年后理想的生活
不断向高层提供方案，使公司的人事制度能够进一步调动员工的工作积极性。
能够在周末开展活动，通过传播关于职场宝妈要如何工作和生活的知识，
提高公司内外人员的"工作幸福感"。
成为一名职业顾问，每月为大约 5 个人提供咨询服务。
```

目标 1	目标 2	目标 3
为优化公司的人事制度提出建议。	继续发布关于职场宝妈如何工作和生活的播客。	成为职业顾问，建立商业模式。

图 5-6　麻衣的"理想愿景图"

首先是优化公司的人事制度。

这需要做许多艰苦的工作，比如了解其他公司的人事制度，并与高层一起设立公司的理想愿景。由于有许多详细的项目，所以我只写下了目标，我也计划积极参加外部研讨会，建立一个制度，进一步提高每个员工的工作积极性。

其次是向职场宝妈传递信息，在工作和生活方式上给出建议。这是我作为职业顾问的个人活动。我准备从每周发布一次播客开始。

最后是创立一个职业咨询服务的副业。我已经找到了自己的核心信念：我想帮助每个人提高"工作的幸福感"，我的使命就是帮助每个人提高工作时的充实感。

当我的价值观和理想愿景变得清晰时，我不再对未来感到茫然和担忧，而是对未来更加充满希望。过去我是被动地执行人事制度改革，现在我能够把它当成充满挑战的竞技场，使我的"提高工作幸福感"的使命得以成形。

麻衣切实地感受到，她以前倾向于责备他人，现在正逐渐转变为能够积极主动地思考，比如自己能提出什么方案，能学到什么，能想出什么点子。

她说，虽然每天的生活中，工作和育儿的任务仍然非常繁重，但自己心灵上的满足感有了极大的提升。

任务 4：写一份执行重要事务的"行动清单"

让我们再回看一下图 5-4 中麻衣所写的"影响分析图"。在这里她列出了影响情绪的因素。为了改善内心和生活的状态，需要减少放电事件，增加充电事件。

放电一栏的主要内容，是她对未来的茫然和担忧，觉得自己被落在了后面，以及由于无法掌控局面而产生的焦躁不安。现在可以采取的改进措施，是确保留给自己一定的时间。

因此，她与丈夫商量，在早上 5：00—7：00 将照顾女儿穿衣、洗漱、吃饭的工作交给他，这样她就可以有时间专注于自己的学习和事业。晚上，她和女儿一起睡觉，哄女儿入睡，这样就可以在凌晨 4：00 起床。然后利用 2 小时的时间，进行书写冥想、复习考证和制作播客。

为了实现目标，她决定采取以下行动：购买人事制度方面的书籍，向部长提交一份人事制度的改进方案，发布播客。

首先发动头脑风暴，写下想要采取的行动，然后将优先行动的范围缩小到 3 个左右。

麻衣选择了 3 件对她来说特别重要的事情，并用星号标记了出来。

如图 5-7 所示，她把想做的事列成了一个清单。

> 本月的行动
>
> ● 复习考证 30 分钟（每天）。
>
> ☆ 晚上，看 15 分钟的晨间剧，放松心情（每天）。
>
> ● 与丈夫商量，让他在早上 5:00—7:00 照顾女儿（每天）。
>
> ● 报考社会保险劳务士的资格证书（10 月 11 日）。
>
> ● 每周发布一次播客（每周六）。
>
> ☆ 找出人事制度上的问题，并向部长提交自己设计的方案（10 月 20 日）。
>
> ● 购买关于如何在网上发布内容的书籍，以及人事制度方面的书籍（10 月 1 日）。
>
> ● 为了使备餐更有效率，在周末就把菜单敲定，并提前备齐材料（每个星期日）。
>
> ● 做 15 分钟的书写冥想（每天）。
>
> ☆ 在月底进行书写整理（10 月 30 日）。

图 5-7　麻衣的"行动清单"

像这样，通过书写冥想和书写整理来加深内省，然后通过在现实中采取行动进行验证，能够进一步深化内省。

📑 任务 5：以时间轴的形式，写一个"习惯养成计划"

将行动清单中每天习惯做的事情写入日程表中并进行思考。现实生活是复杂的，往往不会尽如人意，但如果把目前的情况是什么，理想状态是什么呈现在纸上，就可以让生活逐渐发生转变。

正如麻衣行动清单中所列出的，她希望在早上能够有时间学习。实际上，如图 5-8 所示，麻衣已经写好了她理想中的日程表。

一方面，她在凌晨 4:00 起床，给自己 2 小时的时间进行复习考证和规划职业生涯。

另一方面，为了能在凌晨 4:00 起床，她必须把吃晚饭、哄孩子睡觉等时间逆推出来。

麻衣没有削减睡眠时间，而是砍掉了晚餐后无所事事地看电视或玩手机的时间，然后和孩子一起早早上床睡觉。

用时间轴的形式，将这些内容呈现在纸面上，可以让需要补充什么事和舍弃什么事都一目了然。

将现实与理想进行比较，还可以看出来，夫妻之间商量各自可以分担多少家务是非常有必要的。

心境整理术

	时间	日程表（现实）		时间	日程表（理想）* 早上4:00起床
1	5:00	睡觉	1	5:00	学习、提升职业技能
2	5:30		2	5:30	
3	6:00		3	6:00	
4	6:30	照顾女儿	4	6:30	
5	7:00		5	7:00	吃早餐、穿衣打扮
6	7:30		6	7:30	
7	8:00	上班	7	8:00	上班
8	8:30		8	8:30	
9	9:00	工作	9	9:00	工作
10	9:30		10	9:30	
11	10:00		11	10:00	
12	10:30		12	10:30	
13	11:00		13	11:00	
14	11:30		14	11:30	
15	12:00		15	12:00	
16	12:30		16	12:30	
17	13:00		17	13:00	
18	13:30		18	13:30	
19	14:00		19	14:00	
20	14:30		20	14:30	
21	15:00		21	15:00	
22	15:30		22	15:30	
23	16:00	下班、接女儿放学	23	16:00	下班、接女儿放学
24	16:30		24	16:30	
25	17:00	购物、做饭	25	17:00	购物、做饭
26	17:30		26	17:30	
27	18:00	吃晚饭、洗澡	27	18:00	吃晚饭、洗澡
28	18:30		28	18:30	
29	19:00		29	19:00	一家团聚
30	19:30		30	19:30	
31	20:00	哄孩子睡觉	31	20:00	哄孩子睡觉
32	20:30		32	20:30	自己也睡觉
33	21:00		33	21:00	
34	21:30	看电视、玩手机	34	21:30	
35	22:00		35	22:00	
36	22:30		36	22:30	
37	23:00		37	23:00	
38	23:30		38	23:30	
39	0:00	睡觉	39	0:00	
40	0:30		40	0:30	
41	1:00		41	1:00	
42	1:30		42	1:30	
43	2:00		43	2:00	

图 5-8　麻衣的"习惯养成计划"

现实中的麻衣正过着充实的生活，她与丈夫分担家务，并抽出时间复习考证，朝着自己的目标迈进。进步的速度或许达不到令人满意的程度，但由于保证了时间，之前的那些烦躁不安、茫然和担忧的感觉就会少得多。

第六章

养成习惯后，就会获得进化

将想法、行动和感受整合起来

循环自我对话和采取行动的过程，使之成为一种习惯

最后，我想就"培养书写习惯"的相关内容做一个总结。

随感手账的目的是通过融合短期、中期和长期的视角，来整理心境，让人生发生转变。

首先，关于书写冥想，我介绍了每天一记的放电和充电日志。我们要不断地发挥书写的净化作用，将其作为整理日常感受的方法。这属于短期的视角。

接下来，关于书写整理，我介绍了每月一记的五项任务。它们分别是影响分析图、价值观导图、理想愿景图、行动计划和习惯养成计划。

建议每个月抽出一小时，完成与自己的深度对话和自我探索。随着逐月的积累，你就会看到自己所期待的人生是什么样子。这属于中期的视角。

最后一个，"培养书写习惯"，是从比每日或每月更长远的视角出发，实现自我探索和进化，详见图6–1。

人生是一个漫长的旅程，相较于短期的成长，我们更追求长期的发展。

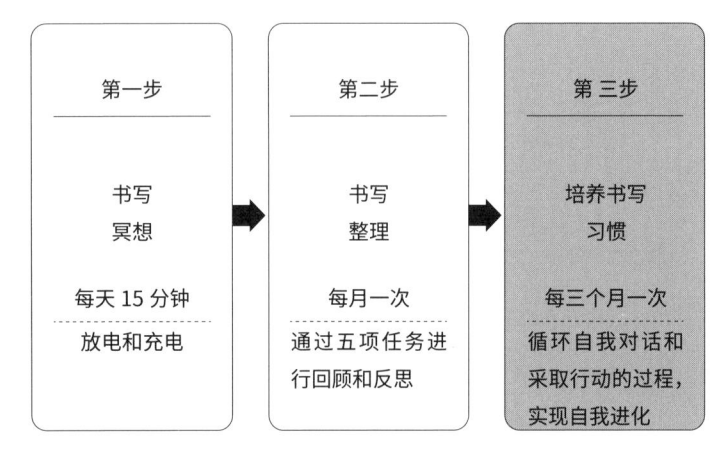

第一步	第二步	第三步
书写冥想	书写整理	培养书写习惯
每天15分钟	每月一次	每三个月一次
放电和充电	通过五项任务进行回顾和反思	循环自我对话和采取行动的过程，实现自我进化

图 6-1　书写随感手账的第三步：培养书写习惯

随着年龄的增长，我们在不断地成长，我们的理想和目标本身也在不断发展。我们今天的理想，不一定是 5 年后的理想。

我在教练工作中，看到许多客户不是在 1 天或 1 个月之内，而是在 1 年、3 年或 5 年的时间里发生了转变时，我的感触很深。这也使我再次相信，一个人的潜力比他自己认为的还要大。

我在这一章想强调的是，书写不仅限于内省，还要配合行动，让自己在二者的循环中实现进化，详见图 6-2。

行动起来，你的价值观就会变得更加明确，你的理想和目标的轮廓也会变得更加清晰。如果你逐步行动起来，树立起对自己的信心，你的自我形象就会获得提升，让你能够追

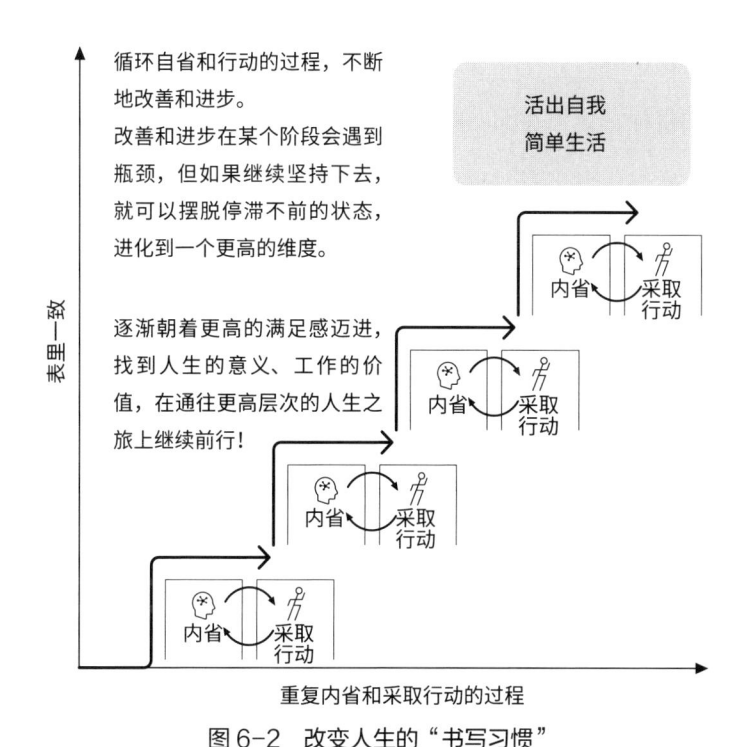

养成习惯后，就会获得进化
将想法、行动和感受整合起来
第六章

图 6-2 改变人生的"书写习惯"

求更高层次的人生。

为了实现自我进化，我们必须从长期的视角出发，做长远的打算。

自我进化并不总是在持续地向上发展。

即使你一步一个脚印地坚持下去，最终也会达到一个瓶颈。你的书写可能会变得千篇一律，或者你会感到迷失，总觉得在同一个地方兜圈子。

不过，如果继续坚持这样的书写过程，你最终会打破停滞不前的状态，一下子提高自我认知，发现你所珍视的价值观和目标，让你在那一刻直呼"就是它！"。

所以，对于写随感手账来说，坚持就是胜利。

一定要坚持书写，重复内省和采取行动的过程，了解深层次的自我。

我还想再赘述一遍，随感手账设计的意图是通过累积短期、中期和长期的目标，使整体不断发展。

在本章中，我想用元地图（meta map，即超级鸟瞰图）的方式，对利用书写实现自我进化的五个阶段做一个介绍。

另外，我们还将研究养成习惯的方法，讨论保持什么样的频率，以及如何坚持下去，能有效地提高自我对话和自我认知的能力。

利用书写习惯实现自我进化的五个阶段

自我探索和进化是一个漫长的过程。当你探索自己的本质，满足自己的愿望后，更高层次的欲望就会出现，引领你进入下一阶段。

随着自身的成长，你的理想、目标以及你对幸福的定义都在进化和改变。虽然自我对话在各个阶段会不断地深入，但自我探索是一种贯穿一生的行为。

接下来，让我们看看坚持写随感手账，是如何帮助你成长的，要历经怎样的进化阶段。

为了使书写成为一种习惯，重要的是要了解进化的全貌，而不仅仅是手头的任务，这样长期坚持写作才有意义。进化过程包括五个步骤，如图 6-3 所示。

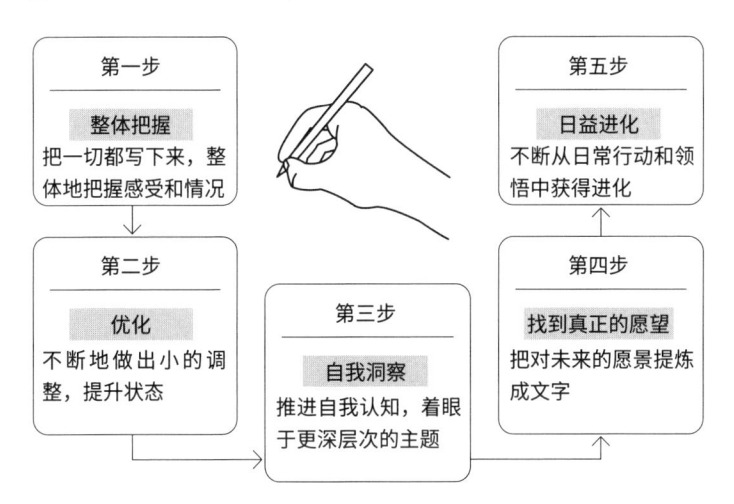

图 6-3 利用书写习惯实现自我进化的五个步骤

第一步　整体把握——把一切都写下来，整体地把握感受和情况。

第二步　优化——不断地做出小的调整，提升状态。

第三步　自我洞察——推进自我认知，着眼于更深层次的主题。

第四步　找到真正的愿望——把对未来的愿景提炼成文字。

第五步　日益进化——不断从日常行动和领悟中获得进化。

我认为，正如人们通过"坐禅"的行为，来追求禅宗的世界一样，我们通过"书写"的行为，可以深入真正的自我实现之路。"培养书写习惯"就像"坐禅"一样，为了推广这个行为，我开发了书写随感手账的方法。

我想这本书中传达的最核心的信息就浓缩在这里。

这里所展示的框架，是长线的成长周期。我将结合上一章中麻衣的案例来进行讲解。

整体把握　第一步　把一切都写下来，整体地把握感受和情况

第一步是整体地把握自己的感受，启动元认知。首先，直接写下正在发生的事实，以及由此产生的感受。在麻衣的案例中，她所做的第一步也是书写冥想（书写放电和充电日志）。

这会使所有的负面事件、情绪和想法，从一团乱麻的状态变得清晰直观。

从书写冥想和影响分析图中，我们可以看到自己内心混乱的根源何在，以及养成什么习惯能够建立内心的秩序。麻衣发现，被落在后面、无法掌控的感觉，正困扰着自己。

优化　第二步　不断地做出小的调整，提升状态

第二步是通过不断做出小的调整，来改善内心的状态。也就是说，从容易改变的事情入手，消除"放电"，增加"充电"。专注于可控的事，和现在自己力所能及的事。

现在无法做到的，或者自己力所不能及的事情，就留到下一个阶段。

忽略那些大的、不可控的事情，从你力所能及的事情入手，来改善自己的状态。

有一个方法能够让"开始改变"变得容易，那就是"改变1%"。

一天有24小时，也就是1440分钟，那么一天的1%大约是15分钟。首先从能在15分钟内做完的事入手进行改善，是非常重要的。如果把时间定为15分钟，那么即使是在最繁忙的日子里，你仍然可以抽出时间来做自己想做的事情。

这一步是从小处改变、从小处改善的过程。如果能够做到这一点，你将会找回对自己内心状态和生活状况的自主性和掌控感。

当你被太多的负能量淹没时，应该在力所能及的范围内，改善自己内心的状态。这是我在做教练工作时，强调的重点所在。

自我洞察　第三步　推进自我认知，着眼于更深层次的主题

如果你通过第二步获得了良好的状态，那么现在是时候把目光转向更深层次的情绪模式了。我们要探索内心深处的欲望、愿望和价值观等。

在麻衣的案例中我们可以看到，她是一个完美主义者，想按自己的节奏走但无法掌控，想有所作为但热情无处挥洒，想获得成就感但干什么都是半途而废，想表现出个性，想自己慢慢地思考。

这些欲望和愿望，以及无法满足它们的挫折感，是很难把握的，因为情绪就像复杂的生命系统一样，是相互交织在一起的。没有人会从早到晚都保持着一种情绪，我们通常会在一天中产生很多情绪，如烦躁、担忧、欢笑、放心、焦急、自我厌恶等。

这一步着眼于更深层次的情绪，它们是在步骤一中浮现出的各种感受的来源。

找到真正的愿望　第四步　把对未来的愿景提炼成文字

在第四步中，我们将在自我对话的基础上，规划将来想要做的事情，描绘对于未来的愿景。我们将这一愿景具体转化为文字，以明确方向。

就麻衣而言，她现在努力的方向是在人力资源部门内积累经验，以实现她成为独立职业顾问的理想。

像这样，描绘出你想成为什么样的存在，添加更多积极正面的故事，你的内心就会更加丰盈。

日益进化　第五步　不断从日常行动和领悟中获得进化

我们不会一下子就能找到自己的理想，或者自己想做的事。我们活在一个假设和求证的世界，经过一段时间的试验和排除错误，理想才会逐渐变得清晰起来。伴随着成长的脚步，我们的理想和想做的事情也会发生改变。另外，我们的想法和感受，也会随着各种经历发生变化。

因此，要让理想愿景从日常的行动和领悟中获得进化。

例如，在麻衣的案例中，由于她把精力都放在思考在当前环境中，自己能提供什么建议，需要做什么事上了，所以想要创业的意愿就没有那么强烈了。这是因为，与其抱怨高层，不如专注于自己能做的事情，这让她知道了自己应该做些什么。

坚持书写，让她能够更加坚定地以自我为核心。虽然同样是听命于人，但是因为找到了自己的使命——提供建议，帮助更多人快乐地工作，所以她现在有了精神上的支柱。

今后，她的探索和进化也将继续进行下去。

在自我探索的道路上，我已经跋涉了十五个春秋，我的理想和目标是不断生成和发展的。所以，我们要通过坚持书写随感手账，让工作和生活都忠实于"现在的自己"所追求的目标。

实践"培养书写习惯"的每季一记

许多人在年初的时候，立志今年一定要养成好习惯，到了年底却后悔自己一事无成，这种现象相当常见。

习惯养成失败的原因有两个。

第一个原因是没有机会进行"回顾"。无论你在年初立下多少抱负，制定多少目标，往往都会因为日常生活太忙而把它们忘记。目标是这样，习惯亦然。如果你没有机会回忆和回顾，你就不会意识到它们，从而难以坚持下去。

第二个原因是一年给人的时间概念太长了。在非工作计划中，一整年都使注意力高度集中，并进行维持和管理，是不容易做到的。

因此，我建议以三个月为周期进行"回顾"，而不是以一年为周期。一年有春、夏、秋、冬四个季节的变迁。那么把一年分成一月到三月、四月到六月、七月到九月、十月到十二月四个季度，按季度回顾，会让你在这一年里有四次机会回头看，并重新开始。

我们可以通过"培养书写习惯"（每季一记）将"回顾"付诸实践，详见图6-4。

书写习惯	每季一记
	GPS 回顾

书写整理	每月一记	
	行动计划	习惯养成计划
	影响分析图	价值观导图	理想愿景图

书写冥想	每日一记	
	放电日志 （日志，自我对话）	充电日志 （日志，自我对话）

图 6-4 培养书写习惯（每季一记）

具体来说，就是以三个月为一个周期，在这个周期里大致进行一次回顾，并思考在未来三个月要做些什么。

即使你在前三个月什么都没做，在每三个月结算一次之后，仍然可以重新开始。不以年为单位而以季度为单位进行回顾的效果非常好。因为许多人觉得三个月是一个既不长也不短的时间，容易集中回顾。

我将这种方法称为"GPS 回顾法"。GPS 是 Good、Problem、Solution 的首字母缩写，它们分别代表"好事""坏事""解决方案"。其中"好事"是指进展顺利的事情，"坏事"是指出现问题的事情，"解决方案"是指接下来该怎么做。

Good　写下过去三个月中发生的好事

首先，"Good"代表写下积极的方面，例如，顺利的事，成功实现的事，点点滴滴的进步、成长、学习、领悟，等等。正如蔡格尼克记忆效应所解释的那样，相较于已经完成的事，我们更倾向于关注没能完成的事。

在过去的三个月里，有很多东西需要反思，但第一步应该把好的事情写出来。通过这种方式，你会注意到点点滴滴的进步、成长、学习和领悟，这种积极的感觉将化作成就感，成为未来三个月的动力。

重要的是，首先要把目光投向好的一面。

问题示例：

有什么高兴的事、开心的事、完成了的事？有什么事让你获得了成长？

有什么值得感谢的事、领悟到的事，以及让人庆幸的经历？

Problem　写下需要反思的问题

其次，重点关注需要反思的问题。写下消极的方面，比如糟糕的事、没有实现的事、后悔的事等。有益的自我反思将帮助你确定下一步的行动和改进的方向。

我们要确保把所有需要反思的事情全都写下来。

问题示例：

有什么想做却没做成的事、进展不顺利的事？

有什么失败的事、不被认可的事，以及后悔做过的事？

Solution　写下未来三个月的行动

最后，确定改进行动，将其作为解决方案（solution）。写下"好事"中应该继续保持的行动，以及针对"坏事"中的需要反思的问题，应该如何改进和解决。

问题示例：

"好事"中应该继续保持的事有哪些？

应该采取什么行动来改善和解决问题？

麻衣的回顾示例，如图 6-5 所示。

思考工作也好，个人生活也好，其中有哪些好事、哪些坏事、下一步该怎么做，是回顾的核心。

应该找准每三个月书写一次的"每季一记"的时机，在回顾三个月的记录，并回看日程表的同时，写一份"GPS 回顾"。例如，提前定好在 3 月、6 月、9 月和 12 月的月底书写，就很方便。

书写指南：

① Good：写下过去三个月中发生的好事。

② Problem：写下需要反思的问题。

③ Solution：写下未来三个月的行动。

④ 书写时间定为"15 分钟"比较合适。

有目的地养成习惯的实践指南

到目前为止，我已经对"书写冥想""书写整理""培养书写习惯"进行了讲解。

Good (好事)	Solution (解决方案)
● 我参加了一个关于职业咨询的研讨会。 ● 10 天中，至少有 7 天能做到早起早睡，学习时长累计达 50 小时。 ● 我对职业和福祉这一块重新燃起了热情。 ● 建立了一个奖励制度。虽然每天都在努力奋斗，过得很辛苦，但是回头看过去，我还是收获了很多新发现，学到了很多东西。 ● 录制并发布了 12 个播客。	● 与公司外部人员谈谈自己的职业规划。 ● 继续以职业顾问的身份发布播客。 ● 制定新的人事制度，努力使其成为员工事业的助推器。 ● 进行 20 次员工职业面谈。 ● 每天至少睡 6 小时。 ● 与丈夫轮流照顾女儿，在周日上午抽出时间思考自己的职业生涯。
Problem (没能做成的事，需要反思的问题) ● 我不确定自己是应该留在公司还是转向新的方向。 ● 在工作中，我没能改善我与老板和高层的关系。 ● 在家务上偷懒了。 ● 睡眠不足，身体感觉不舒服。 ● 输入太多，输出不足。 ● 40% 的行动计划尚未完成。	

图 6-5　麻衣的 "GPS 回顾"

然而，不是每个人都必须将这些方法全都实践一遍。

能做到什么程度，取决于你的状况和目标。如果非要坚持完美主义，想把所有方法都做一遍，反而容易导致挫败感。

因此，我针对不同的需求，设计了三个方向。你可以用它来指导自己的实践。

便捷路线　针对想通过书写来整理心境的人

如果你想通过书写来整理日常杂乱的思绪，使自己平静下来，只需坚持进行书写冥想（每日一记）就可以了。

许多人都发现，每天写放电和充电日志以及自我对话，帮助他们整理了心境，改善了情绪。他们通过书写实现了自我修复和自我恢复。

如果你想轻松地上手，可以尝试一开始只写放电和充电日志。这是一个容易入门的方法。

标准路线　针对想整理心境以及调整生活的人

如果你想整理自己的心境和感受，改变自己的生活习惯，我建议你在每天完成书写冥想（每日一记）的基础上，再进行一次书写整理（每月一记）、书写影响分析图和习惯养成计划。

利用影响分析图了解放电的问题，然后每个月写一份习惯养成计划，并创建一个理想的生活日程表，你就能养成好习惯，让生活变得井井有条。

在这种情况下，每月一记只需要 20 分钟就能完成。

完整路线　针对想找到人生目标的人

如果你像本书开头介绍的江畑或上一章的麻衣一样，每天头脑和心里都杂乱无章，不知道自己想做什么，内心为此而挣扎，那么这个完整路线就是为你准备的。

建议你在坚持进行书写冥想（日志）和书写整理（月志）的同时，坚持实践"培养书写习惯"（季志），至少坚持 6 个月，最好是一年。

你会在 3 个月内感觉到反应，6 个月内体会到变化，一年内感受到进化。

书写使用的笔记本和笔

书写随感手账时，你用什么样的笔记本和笔都可以。

非要选的话，纯色或方格的笔记本用起来更方便。

这是因为书写冥想、书写整理和培养书写习惯的书写形式，是千变万化的。

你需要找到自己用起来舒服的工具。

以下是我的做法，供大家参考。

我使用了两个不同的笔记本，详见图6-6。

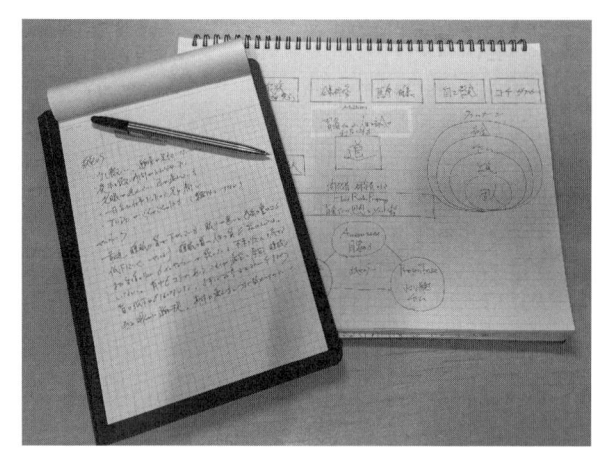

图6-6 笔者书写时，使用的笔记本和笔

第一个用于"书写冥想"的，是一个小一点的A5尺寸方格笔记本。

第二个用于"书写整理"的，也是记忆女神系列的A4尺寸方格笔记本。需要书写的空间不一样，所以所用笔记本的尺寸也不同。

书写冥想是每天都要写的，所以使用便于携带和取出的小笔记本很方便，不过有的人书写的内容很多，那么使用大的笔记本也绝对没有问题。

书写整理我使用了一个 70 页的笔记本，方便回顾前面以及一整年的情况。比 A4 更大的尺寸，在写下内容和思考问题时用起来更方便。如果多花一些钱，买一个质地好的笔记本，你就会更有书写的动力。

之所以用不同的笔记本，是因为一手拿书写冥想的笔记本，一手拿书写整理的笔记本，结合起来看比较方便。如果用同一本笔记本，就不得不来来回回地翻阅，非常麻烦。

我用的笔是 0.38mm 款的中性笔。如果用笔头较粗的笔，字迹所占的面积太大，而 0.38mm 笔头的笔则可以写下更多的内容。细笔头也非常适合书写细节很多的内容和图表。我准备了黑色和红色两支笔，还有黄色和橙色的马克笔。这些颜色可以方便突出关键词和重点。

此外，尽管这本书鼓励手写，但也并不完全否定数字化。使用苹果触控笔等数码笔也可以轻松地书写。还有些人用电脑键盘打出书写冥想日志和自我对话，这样做既快速又轻松。吐露心声的效果也十分明显。

不过，对于书写整理，我绝对建议你准备一个笔记本，并用手书写。手写的功效正如前文所介绍的那样。从这个角度来说，用数码的方式书写，效果会打折扣。喜欢使用数码产品记录的人，也应该开始尝试手写。

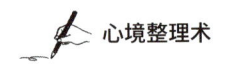

习惯养成专家掌握的关于坚持的三个秘诀

最后，我想介绍一些能够将书写坚持下去、养成书写习惯的秘诀。

习惯-吸引力法则

学习英语、记账、早睡早起、整理房间、戒烟、节食、运动、复习考证、攒钱和省钱、写日志……在培养这些习惯时，尽管我们总是满怀激情地下定决心："这次一定能坚持下来！"却屡屡失败。

为什么我们下定决心也无法坚持下去呢？

这是因为我们受到了"习惯-吸引力法则"的影响。人类有抵制新变化、维持旧习惯的本能。对人类来说，变化是一种威胁，一切照旧才是安全的、有保障的，详见图6-7。

以体温为例，我们的正常体温是36.5℃，人体希望一直维持这个体温不变。它抵制变化，希望保持体温恒定不变。

良好的习惯一旦养成，人们就会"习以为常"，但需要克服最初的阻力，习惯才能变得根深蒂固。

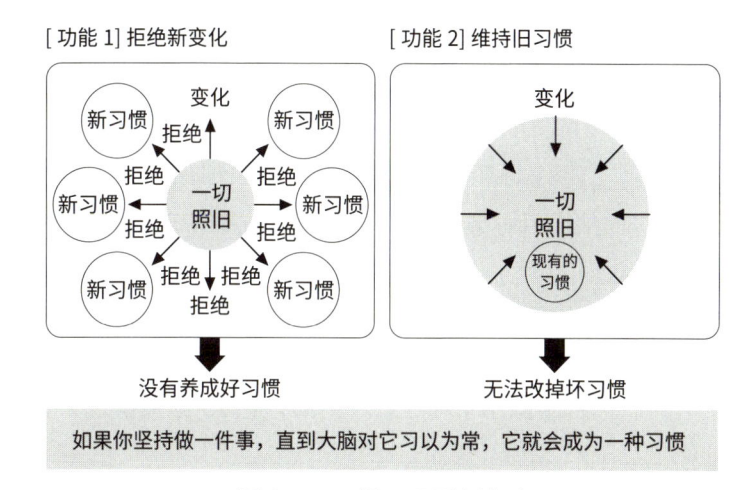

养成习惯后，就会获得进化　第六章
将想法、行动和感受整合起来

[功能1] 拒绝新变化　　　　　[功能2] 维持旧习惯

没有养成好习惯　　　　　　无法改掉坏习惯

如果你坚持做一件事，直到大脑对它习以为常，它就会成为一种习惯

图6-7　习惯-吸引力法则

书写习惯的养成，大约需要 30 天。这里有 3 个关于如何克服最初阻力的诀窍。

习惯养成的诀窍 1　刚开始的时候要慢慢来

首先坚持下去的最重要的诀窍，莫过于"从小目标着手"。我称其为"婴儿学步"，也就是开始时步子不能跨得太大，要从最低的难度、最基础的水平开始。

开始行动之前，是最容易觉得麻烦而放弃的时候，而开始行动之后，动力就会随之而来。正所谓"良好的开始是成功的一半"。如果一直不能上手，不如直接放弃。

善于坚持的人都喜欢"从小目标着手"。

例如，如果你定下了每天跑步一小时的目标，可以先从容易做到的"慢跑 15 分钟"开始尝试。然后，在身体逐渐习惯了这个强度后，可以改为跑步并延长时间。

像这样从小目标着手，你便可以抵抗维持现状的惰性，把行动坚持到底。

在制定小目标时，有两个技巧。

首先，计划里的时间要短。例如，花 15 分钟整理，花 10 分钟学习或花 20 分钟跑步之类。

其次，要降低难度。例如，只整理一个房间，读一页书，用慢跑代替跑步，等等。

将书写冥想的时间安排成每天 15 分钟，是我为了让人们容易坚持下去而精心设计的。

起初可以抱着好玩的心态，快乐地书写！

如果你没有时间，哪怕是只写一行字，只写 5 分钟都可以。

另外，对于慢跑、学习英语、减肥和早起这些习惯的养成，你都可以试着想一想，如果从小目标着手应该怎么做。

然后在头 7 天，每天都固定地采取行动。一旦你克服了最初的阻力，一切都会变得容易许多。

习惯养成的诀窍 2　选择书写条件

下一步是选择书写条件（何时、何地、何事）。

已经变成习惯的行动，在时间上往往不是没有规律，早上做也行晚上做也行，而在某种程度上是固定下来的。

我在进行书写冥想（每天一记）时，时间上会选择"在每天的早上写 15 分钟"。这样选择是因为，将在早上写东西作为新的一天的开始，会让人心情舒畅。如果你不知道作何选择，我建议你在"早上"进行书写。

当然，这取决于你的生活方式和喜好，所以要寻找适合自己的时间。在最初的 7 天里进行试验，找到一个容易坚持下去的时间。关键在于要能够持之以恒。

另外，如果是进行书写整理（每月一记），最好先预定好时间和地点，比如"第四个星期六的上午"以及"在星巴克书写"。天时地利对于习惯养成至关重要。所以要选择合适的书写条件。

习惯养成的诀窍 3　设立一个最高和最低的标准

最容易半途而废的人，往往是那些总是追求完美的人。

非 0 即 100，非黑即白，要么做要么不做，以这样的方式思考，会让起步变得困难，或者中途有几天做不下去的话，很容易就会放弃。

培养书写随感手账的习惯也是如此。如果你能按照我建议的频率进行，那是最理想的，不过有时候，比如你的工作要从早忙到晚，可能就会耽误书写。

对于书写冥想来说，能够稳定地保持每天书写的频率是我们的目标，但如果你在一周内中断了两三天，也不必感到沮丧。总之，我们的目的是保持耐心，踏踏实实地继续坚持下去，让自己的人生变得更好。

另外，习惯就是一套规则，让我们的生活、工作和人生变得有规律。

如果规则定得太死板，就会让人难以遵守，无法坚持下去。但是，如果没有制定规则，那么我们就会因为太忙而忘记书写。

这时，设定双重标准可以帮助我们灵活地应对。

所谓双重标准，就是设定"最高标准"和"最低标准"两个准则。也就是最好可以做到什么程度，最差可以做到什么程度。

接下来，我通过一些例子可以更好地说明这一点。

书写习惯

最高标准：每天早上花 15 分钟书写放电和充电日志。

最低标准：每天各写一行放电和充电日志。

工作习惯

最高标准：在下午 5:30 完成工作，到点下班。

最低标准：最晚在晚上 7:30 前完成工作。

锻炼习惯

最高标准：每天走一万步。

最低标准：用计步器来测量。

像这样，使规则有伸缩的余地，你就可以根据自己当天的身体状况，或者时间方便与否进行灵活调整，从而避免因为无法遵守规则，干脆就什么都不做的现象的发生。这是培养习惯时最需要注意的。

我们应该遵守规则，但没能遵守的主要原因是规则本身不够灵活。

所以我们要尝试设定"最低和最高标准"，以使这个习惯能够坚持下去。如果你想更详细地了解习惯养成的技巧，请参考我的书《坚持和习惯》《戒掉坏习惯》《早起的技巧》。

无须更多技法！你所需要的是花时间与自己的内心相处

此前我已经对随感手账做了详尽的讲解，最后我想要强调的是坚持的重要性。

我介绍了一些书写技法，以及选择书写时间等技巧，帮助你养成书写的习惯。但如果你最后摸索出一套适合自己的更容易的方法，也绝对没有问题。

重要的不是方法，而是要持之以恒。

我们努力学习知识、丰富技能，是为了让生活变得更好。

如果我们迷失了方向，新的知识会给我们带来突破，新的技能可以极大地解决我们的问题。

不过，虽然知识和技能可以增强你的实力，却没有能力从内部改变你。

最重要的不是从外界寻求答案，而是培养自我认知能力，明确自己的价值观和愿望，以此为指导描绘属于自己的人生画卷。

要做到这一点，你必须面对自己，深入了解自己，而不是一味地补充技能和知识。

自我认知的过程就像剥洋葱。这是一个慢慢接近内核，深入内心的过程。

自我观察和更加深入地自我洞察，需要经历漫长的道路。

只有当你不再急于追求结果时，自我探索才会成功。

深入的自我对话，不是一朝一夕就能够实现的。

书写冥想和书写整理都是乏味的工作。但是，坚持就是胜利，如果你能够坚持3个月、6个月、1年、3年会有什么效果呢？

我曾经看到过这样一则新闻：东京某地区的居民花了20年的时间，将一条臭水沟改造成了干净的河沟。20年前那是一条充满了污泥和垃圾的脏水沟，但它现在已经流淌着清流，还有鲇鱼在里面游来游去，这种转变实在令人惊讶。

清理活动是由当地居民发起的，因为他们希望给未来的孩子们创造一个良好的环境，让他们能够愉快地在河里玩耍。河流获得了净化，是居民们脚踏实地一直努力坚持的结果。

我觉得，心灵的净化与河流的净化很像。

你的内心一开始可能充满了各种负面情绪和欲望，处于杂乱无章的混沌状态。然而，随着坚持书写和持续采取行动，心灵将变得像水质改善后的小溪一样清澈，你将能够清楚地看到自己所珍视的事物。

与其仓促地追求结果，不如循序渐进地走好每一步。

一个月后，你会感到神清气爽；三个月后，你的生活习惯会发生改变；六个月后，你的思维习惯会发生改变。如果坚持一年，你会变得有自己的主见，获得自信心；三年后，你的人生会发生转变。

逐渐地、踏实地、稳定地、切实地关注自己的感受，通过循环内省和采取行动的过程，不断地探索属于你自己的生活方式。

不可急躁。然后，从今天开始，秉持"从小目标着手"的精神。

结　语

"什么是做自己？"

"什么是真正的自我实现？"

"幸福是什么？"

我开发了写随感手账的方法，作为自我探索的工具，并在本书中介绍了它。

本书中探讨的议题，只能由我们自己来寻找答案。

为此，我希望这本书也向你传达了这样一个信息：除了把自我对话和采取行动变成一种习惯之外，没有其他的捷径。

著名心理学家卡尔·罗杰斯曾说过，人类想要实现自我，发掘自己的潜力，就会产生扩张、扩大、发展和成熟的冲动。

一方面，根据我的教练职业生涯的经验，我同意人类有积极成长和成熟意图的观点。

另一方面，我充分意识到，有些人缺乏自信，受到日常的忙碌、困惑和环境的影响，从而无法做自己，因此觉得人生停滞不前，无法获得突破，看不到未来。

正因为人们有成长和成熟的意图，所以停滞不前、看不到未来的感觉才让人难以忍受。

为了摆脱这种情况，请试着通过书写与自己相处，并把它作为一种习惯坚持下去。我和大家一样，在人生的旅途上探索前行，而书写就是我最好的伙伴。

我希望书写能帮助你正念，活出自我，找到幸福，走上真正的自我实现之路。

下面的几句话，可以概括本书的内容。

"内心最深层的渴望"就是你的投射。

只要有渴望，就会有意志。

只要有意志，就会有决心。

只要有决心，就会有行动。

而这一行动将决定你的命运。

——印度最古老的文献《奥义书》

我还相信，改变人的力量在于他们的渴望。命运是由最深层的渴望塑造的。如果你能意识到这些渴望，就能活出自我，拥有丰富多彩的人生。

如果你能抓住内心最深层的渴望，并将其纳入你的目标，正如这句箴言告诉我们的那样，只要有意志、决心和行动，命运就会发生转变。

从"书写冥想"中，可以窥见这种更深层的渴望的剪影。

结　语

我为你加油打气，希望你通过培养习惯，找到自我，让自己的潜力得到发挥，走上真正的自我实现之路。重要的不在于解答或答对，而在于过程，在于养成自我探索的习惯。

想要做到真正的自我实现，最有效和最简单的方法就是通过书写进行"冥想"，并养成这一习惯。

我希望这本书能够引领你走向自我实现之路。

我想借此机会感谢牛尾惠理、关千佳、光子、满田、奥罗米、江畑、麻衣和三宅，感谢他们对刊登的案例提供的帮助。我还要感谢我的习惯养成团队和各位客户，在这里我无法一一列出他们的名字，感谢他们在本书创作的过程中给予的支持和建议。

我还要感谢本书的编辑市川有人，从方法开发企划到推敲写作细节，他都提出了有见地的建议。我想对他表达诚挚的感谢。

最后，我要感谢亲爱的读者们，感谢你读到本书的最后。

愿你在短期内，整理好心境。

从中期来看，愿你的生活有条不紊。

从长远来看，愿你的人生简单而完整。

习惯养成顾问

古川武士

附 录
随感手账完整指南

书写习惯	每季一记		
	GPS 回顾		

书写整理	每月一记		
	行动计划		习惯养成计划
	影响分析图	价值观导图	理想愿景图

书写冥想	每日一记	
	放电日志 （日志，自我对话）	充电日志 （日志，自我对话）

心境整理术

每日一记

书写冥想

每天 15 分钟，分五个步骤

放电	充电
日志 ● 昨天一直加班到晚上 9 点才结束工作。 ● 我狼吞虎咽地吃完了炒饭和拉面。吃相真的太差了。 ● 晚上刷视频，刷到很晚才睡觉。 ● 昨天我只睡了 5 个小时，身体上和精神上都快要撑不住了。 ● 尽管托业考试即将来临，可我几乎没怎么复习。	日志 ● 提案书做好了。真是一身轻松啊！ ● 早餐时间里，我与孩子们一起悠闲地边吃边聊。 ● 一大早我就制订好了计划，并着手开始进行。真是高效啊！ ● 终于有空读书了！ ● 晚上我喝了啤酒！真好喝啊！我喝了 3 罐就不喝了，这是我给自己定的规矩。
自我对话 　　总觉得每天忙忙碌碌，却没有一点成就感。只是忙得不可开交。我手上有很多项目，也很喜欢正在做的事情，但没有去一一体会和感受。除了没有成就感，焦虑的感觉也困扰着我。不如说，我一直在"害怕遗漏"了什么。到底是遗漏了什么呢？	自我对话 　　我深深地感受到了同伴之间的羁绊。我与项目成员怀有同样的激情，这真的让人感觉很充实。我只想与那些可以分享深刻思想的人，再次一起共事。

第一步　冥想（1分钟）

定好计时器。

闭上眼睛，深呼吸，静心凝神。

第二步　放电日志（3分钟）

写下消耗你心灵能量的事件和你的负面情绪。

根据情绪关键词进行挖掘，如忧虑、纠结、焦躁、自我厌恶、愤怒、自卑等。

逐条并详尽地倾吐你的心声。

建议写出五条左右。

第三步　放电形式的自我对话（4分钟）

询问自己"现在最糟糕、最让人难受的事情是什么？"，并把答案写下来。

不要理性地思考，而要把心里一连串涌出的喃喃自语捡拾起来，只管写下来就好。

重点不在于详尽，而在于感受要深刻。

把心里的喃喃自语一连串地用文字呈现出来。

第四步　充电日志（3分钟）

写下补偿你心灵能量的事件和你的正面情绪。

详尽地写下那些微不足道的小事，比如让人感受到快乐、幸福、感激和成长的小事。

逐条并详尽地倾吐你的心声。

建议写出五条左右。

第五步　充电形式的自我对话（4分钟）

询问自己"现在最让人开心的事情是什么",并把答案写下来。

把心里的喃喃自语一连串地用文字呈现出来。

通过充电感受获得满足,并以此作为结束,可以以一个好心情收尾。

附 录
随感手账完整指南

每月一记

书写整理

每月一次，每次一小时，分五个任务

任务 1 从影响分析图中探索情绪模式 10 分钟

```
↑ 充电
   ( 放松时间 )   ( 复习考证 )   ( 一家三口 其乐融融 )
─────────────────────────────────────
   ( 工作的进展   ( 对未来感到   ( 对丈夫和
     不尽如人意 )   茫然和担忧，    女儿发火 )
                   感觉落后了 )
↓ 放电
```

- 回顾一个月的放电和充电日志（日志和自我对话）。
- 用记号笔标出频繁发生的行为和感受。
- 根据所记录的数量和对你内心的实际影响，写出前三名的放电和充电事件。
- 将更重要和更有影响的事件放在中间，或画一个更大的圆圈。
- 没有什么严格的要求，可以自由发挥。

- 书写次数不限于每月一次，可以定期书写，以了解你内心的倾向。

任务 2　利用价值观导图创建决策轴 15 分钟

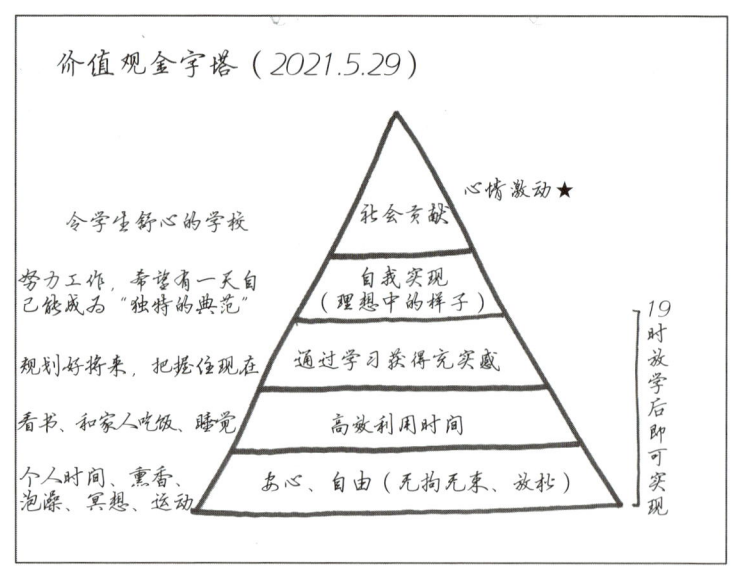

价值观金字塔（2021.5.29）

令学生舒心的学校

努力工作，希望有一天自己能成为"独特的典范"

规划好将来，把握住现在

看书、和家人吃饭、睡觉

个人时间、熏香、泡澡、冥想、运动

- 社会贡献　心情激动★
- 自我实现（理想中的样子）
- 通过学习获得充实感
- 高效利用时间
- 安心、自由（无拘无束、放松）

19 时放学后即可实现

- 以放电、充电日志为基础，写下你最重视的价值观。
- 通过参考放电、充电日志和询问内心，写下代表价值观的词语。
- 可以使用示意图或绘画。
- 通过变换颜色和画插图来激发你的想象力。
- 感受"什么是我所珍视的？"，并进行一系列的对话。

- 不要太在意输出的完整性。

任务 3　制作理想愿景图 15 分钟

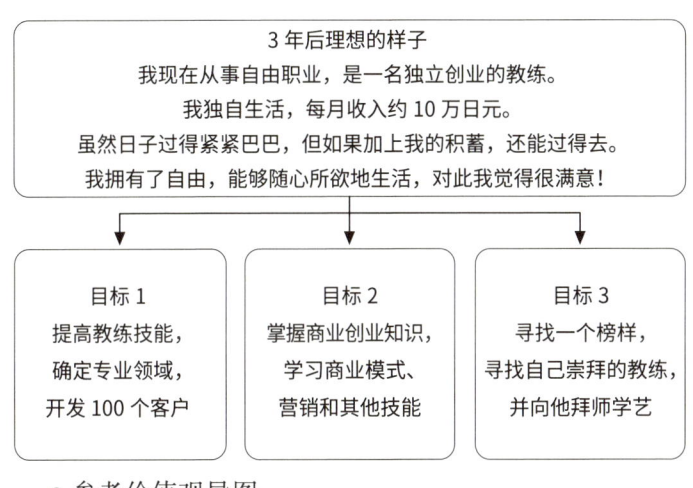

```
┌─────────────────────────────────────────────┐
│           3 年后理想的样子                     │
│  我现在从事自由职业，是一名独立创业的教练。      │
│  我独自生活，每月收入约 10 万日元。             │
│  虽然日子过得紧紧巴巴，但如果加上我的积蓄，还能过得去。│
│  我拥有了自由，能够随心所欲地生活，对此我觉得很满意！│
└─────────────────────────────────────────────┘
        │              │              │
        ▼              ▼              ▼
┌──────────────┐ ┌──────────────┐ ┌──────────────┐
│   目标 1      │ │   目标 2      │ │   目标 3      │
│ 提高教练技能，  │ │ 掌握商业创业知识，│ │ 寻找一个榜样，  │
│ 确定专业领域，  │ │ 学习商业模式、  │ │ 寻找自己崇拜的教练，│
│ 开发 100 个客户 │ │ 营销和其他技能  │ │ 并向他拜师学艺  │
└──────────────┘ └──────────────┘ └──────────────┘
```

- 参考价值观导图。

- 设定你"若干年后理想的样子"（3~5 年比较合适）。

- 设定一个令你期待的理想状态。

- 不要过多地考虑可行性，描绘出理想中的样子。

- 写下你在近期要实现的三个目标。

任务 4　用行动计划改变现实 10 分钟

```
                    本月的行动

☆  周一节食减肥（每周）。
    吃一份沙拉和味噌汤，5 分钟后再吃一份主食。

●  俯卧撑和仰卧起坐各做 50 个（每天）。

☆  固定的工作时间为上午 7:00 至下午 3:00（工作日）。

●  22:00 睡觉（每天）。

●  为了考取资格证书，在早上学习 30 分钟（每天）。

●  完成一个重大项目的提案（10/10）。

☆  开始学习一个新的课程（10/30）。

●  去逛一家书店（10/30）。

●  去看一场电影（10/12）。

●  抽出时间读 30 分钟的书（每天）。

●  与家人去露营（10/28）。
```

第一步　把你想做的事情全都写下来

- 参考影响分析图，写下减少放电和增加充电的改进行动。

- 参考价值观导图,写下你想做的事,或想放弃的事。
- 参考理想愿景图,写下推动目标前进的行动。

第二步　把范围缩小到最重要的行动上

- 将范围缩小到最重要的行动上(确定优先顺序)。
- 问问自己,"如果在最坏的情况下只能做一件事,那会是什么呢?"。

第三步　写下开始或完成日期

- 写下行动将何时开始,何时结束。
- 通过反复书写来认识现实。

任务 5　利用习惯养成计划，让日常生活发生改变 10 分钟

	时间	日程表（现实）
1	5:00	睡觉
2	5:30	
3	6:00	
4	6:30	
5	7:00	吃早餐、穿衣打扮
6	7:30	
7	8:00	上班
8	8:30	
9	9:00	工作
10	9:30	
11	10:00	
12	10:30	
13	11:00	
14	11:30	
15	12:00	
16	12:30	
17	13:00	
18	13:30	
19	14:00	
20	14:30	
21	15:00	
22	15:30	
23	16:00	
24	16:30	
25	17:00	
26	17:30	
27	18:00	
28	18:30	
29	19:00	
30	19:30	
31	20:00	
32	20:30	下班
33	21:00	
34	21:30	吃晚餐
35	22:00	
36	22:30	
37	23:00	玩手机
38	23:30	
39	0:00	
40	0:30	洗澡
41	1:00	看电视
42	1:30	睡觉
43	2:00	

	时间	日程表（理想）
1	5:00	睡觉
2	5:30	
3	6:00	吃早餐、穿衣打扮
4	6:30	
5	7:00	上班
6	7:30	
7	8:00	复习考证、阅读
8	8:30	
9	9:00	工作
10	9:30	
11	10:00	
12	10:30	
13	11:00	
14	11:30	
15	12:00	
16	12:30	
17	13:00	
18	13:30	
19	14:00	
20	14:30	
21	15:00	
22	15:30	
23	16:00	
24	16:30	
25	17:00	
26	17:30	
27	18:00	
28	18:30	下班
29	19:00	
30	19:30	吃晚餐（自己做）
31	20:00	
32	20:30	洗澡、伸展运动
33	21:00	
34	21:30	自由安排时间
35	22:00	
36	22:30	
37	23:00	睡觉
38	23:30	
39	0:00	
40	0:30	
41	1:00	
42	1:30	
43	2:00	

第一步　写下理想中的日程表

- 首先，以保证充足的睡眠时间为前提，填写睡觉时间和起床时间。
- 其次，填写你想做的事情和关键的时间点。
- 最后，留出工作的时间。
- 如果条目太多，可以适当地删减。

第二步　写下现实中的日程表

- 以平时的一天为模板，大致写下来。
- 重点关注与理想相比，哪些方面有明显不同。
- 时间安排上需要一些对策，比如工作时间可以安排得紧密一些，个人生活上可以寻求外援。

第三步　执行"缩小范围！缩小范围！下调标准！"的法则

- 一次只养成一个习惯。
- 制定具体的行动规则。
- 彻底降低行动的难度（开始时要像"婴儿学步"一样）。

每季一记
培养书写习惯
（GPS 回顾）

Good（好事）	Solution（解决方案）
● 我参加了一个关于职业咨询的研讨会。 ● 10 天中，至少有 7 天能做到早起早睡，学习时长累计达 50 小时。 ● 我对职业和福祉这一块重新燃起了热情。 ● 建立了一个奖励制度。虽然每天都在努力奋斗，过得很辛苦，但是回头看过去，我还是收获了很多新发现，学到了很多东西。 ● 录制并发布了 12 个播客。 Problem （没能做成的事，需要反思的问题） ● 我不确定自己是应该留在公司还是转向新的方向。 ● 在工作中，我没能改善我与老板和高层的关系。 ● 在家务上偷懒了。 ● 睡眠不足，身体感觉不舒服。 ● 输入太多，输出不足。 ● 40% 的行动计划尚未完成。	● 与公司外部人员谈谈自己的职业规划。 ● 继续以职业顾问的身份发布播客。 ● 制定新的人事制度，努力使其成为员工事业的助推器。 ● 进行 20 次员工职业面谈。 ● 每天至少睡 6 小时。 ● 与丈夫轮流照顾女儿，在周日上午抽出时间思考自己的职业生涯。

每三个月一次，每次 15 分钟。

① Good

写下过去三个月中发生的好事。

- 有什么高兴的事、开心的事、完成了的事？有什么事让你获得了成长？
- 有什么值得感谢的事、领悟到的事，以及让人庆幸的经历？

② Problem

写下需要反思的问题。

- 有什么想做却没做成的事、进展不顺利的事？
- 有什么失败的事、不被认可的事，以及后悔做过的事？

③ Solution

写下未来三个月的行动。

- "好事"中应该继续保持的事有哪些？
- 应该采取什么行动来改善和解决问题？